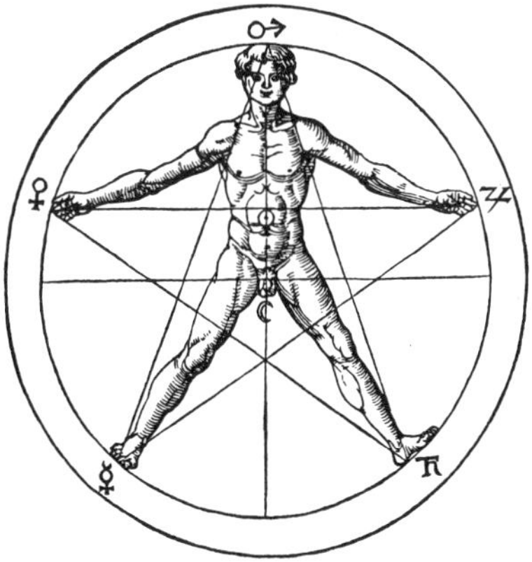

SACRED GEOMETRY
by Miranda Lundy

Japanese translation published by arrangement with
Walker Publishing Company, a division of
Bloomsbury Publishing Inc. through The English Agency (Japan) Ltd.

幾何学の不思議

遺跡・芸術・自然に現れたミステリー

ミランダ・ランディ 著（文・イラスト）

駒田 曜 訳

未来のデザイナーたちに捧ぐ。

わが師、キース・クリッチロウ教授、ジョン・ミッチェル氏、ハレド・アッザム博士、ポール・マーチャント氏、ロビン・ヒース氏、マイケル・グリックマン氏、ステファン・ルネ博士、トニー・アシュトン氏に、心から感謝の意を表する。

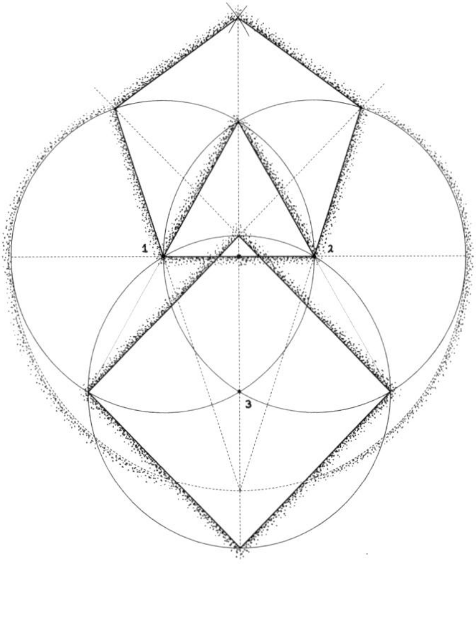

もくじ

英国ケント州ミルトンの教会にあるノーウッド家礼拝堂の座

はじめに

神聖幾何学は、空間内における数の展開を図としてあらわしたものである。その道程はひとつの点から始まり、線になり、そこから平面になり、さらに三次元へ、それ以上へと広がっていって、最後にはまた点に戻って、その道筋で何が起こったかを見る。

この小さな本は、二次元幾何学――平面における数の展開――のいろいろな要素を取り上げている。三次元幾何学の物語は、本シリーズの別の本で扱われている。幾何学はずっと昔から、形而上学へのひとつの導入口として利用されてきた。幾何学は、姉妹関係にある音楽を構成する要素と同様に、啓示の一側面である――つまり実体が投げかけた疑う余地のない影、創造神話そのものなのである。

算術、音楽、幾何、天文の4つは、古代世界のリベラル・アーツ（自由七科）を構成する重要な科目であった。この四科は、昔も今も大きな意味を帯びたシンプルで普遍的な言語であり、今でもあらゆる科学や文化の中に疑いなく存在している。もしもこの宇宙のどこかに一定の知性を持つ三次元生命体が存在するとしたら、彼らも幾何学をここで示した姿とたいして変わらない形で認識しているだろう。

読者のみなさんがこの小さな本を楽しんで下されば、著者として嬉しい限りである。さらに知識を深めたい方は、ぜひこのシリーズの他の本をお読みいただきたい。

Wooden Booksシリーズの編集者の方々への感謝を込めて、これを記す。

西暦2000年6月、ペンザンスにて

点、線、平面

次元なし、一次元、二次元、三次元

1枚の紙から始めよう。この紙に何かを描くとき、最初に記されるのは点である。点は次元を持たず、空間を占めない。点には内も外もない。点はその後に続くすべてのことの源である。点は小さな黒丸で表示される。

一次元、つまり線は、点にふたつの原理が生じると現れる。ふたつの原理とは、アクティブ（活動、能動）とパッシブ（不活動、受動）である（下図）。点が、その点自体の“外部”にあるどこかを選ぶ——これが方向である。そこで点が分離を起こすと、直線ができる。線は太さを持たない。また、線には終点がないと言われることもある。

ここにおいて、3つの道筋が現れる（右頁）。ここからは二次元である。

1. 線の一方の端が静止（パッシブ）で、もう一方の端が自由に回転すると、円ができる。これは天をあらわす。

2. 動く（アクティブな）点は、他の2点から等距離にある第3の点に向けて動くことができる。3点の距離がいずれも等しいとき、正三角形ができる。

3. 線からもう1本の線が生み出され、それが最初の線から垂直方向へ平行移動で離れていって、両者の距離が最初の線分の長さと等しくなったとき、正方形ができる。これは地をあらわす。

円、正三角形、正方形という3つの形が現れた。この3つはいずれも豊かな意味を持っている。さあ、私たちの旅の始まりだ。

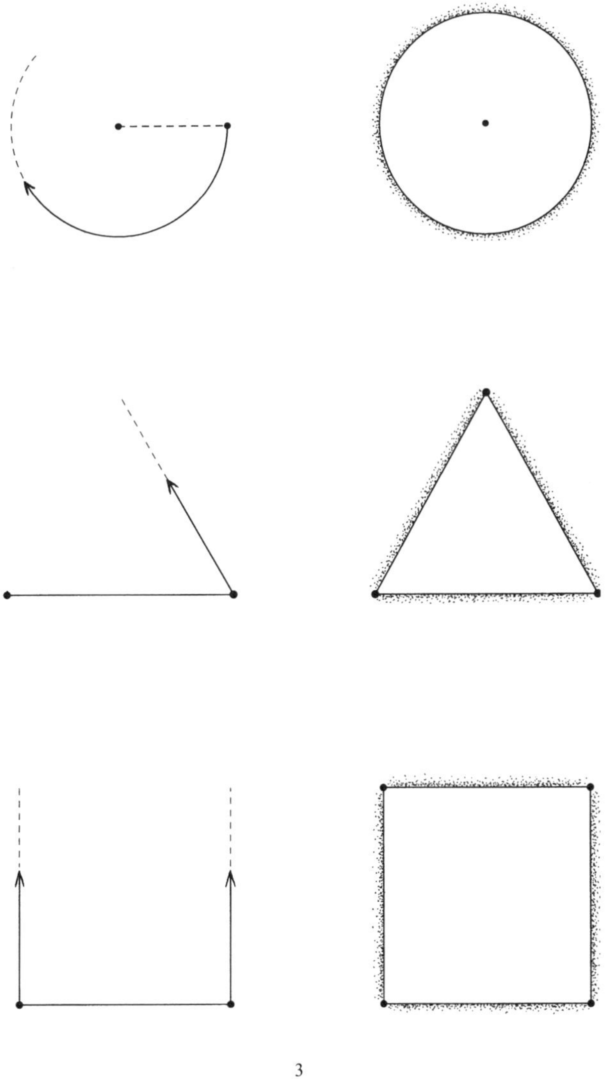

球、正四面体、立方体

二次元から三次元へ

本書では主に平面を扱うが、ここでは前章の3つの「道筋」をもう一歩先へ進めて見てみよう。

1. 円が回転すると球ができる。円形のものは本質的に円の要素をとどめる(右頁上段)。

2. 正三角形の各頂点から、その1辺の長さと等しい距離の位置に第4の点を取ると、正四面体ができる。1つの正三角形から新たに3つの正三角形が作られた(右頁中段)。

3. 正方形からもうひとつの正方形を持ち上げて、側面に新しい正方形が4つできるまで上昇させると、立方体が生まれる(右頁下段)。

前章で述べた、円·正三角形·正方形という3つの基本的な分け方が保存されていることがわかるだろう。

球は、三次元の立体のなかで、体積に対する表面積の比が最小である。一方、正多面体のなかで体積に対する表面積が最大なのは正四面体である。

正四面体と立方体は、プラトンの立体、つまり正多面体(全部で5つある)のうちの2つであり(12頁)、古代の元素概念では火と土をあらわす。プラトンの立体の残り3つは、正八面体(8つの正三角形から成る)、正二十面体(20個の正三角形から成る)、正十二面体(12個の正五角形から成る)である。

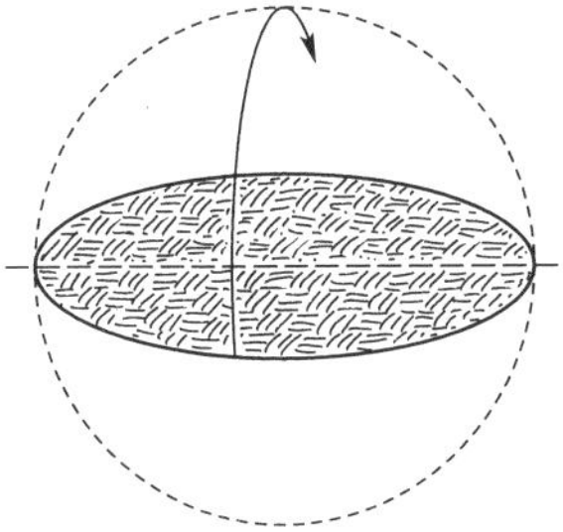

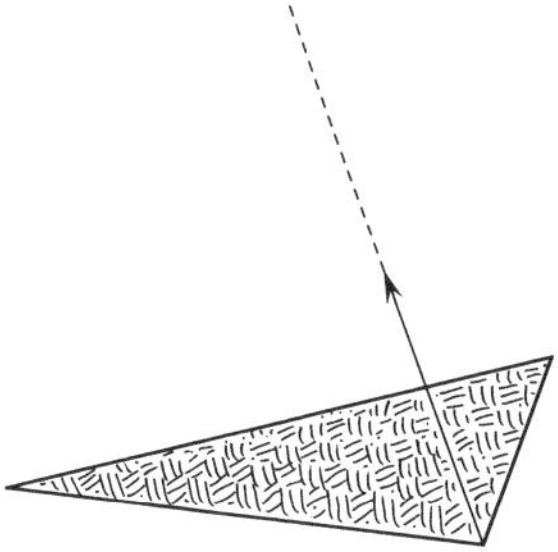
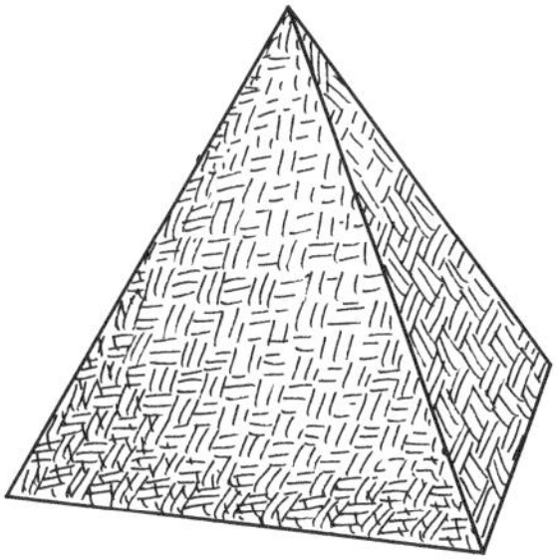
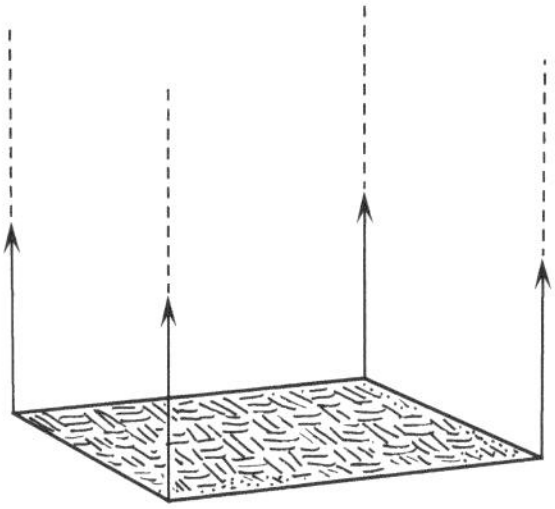
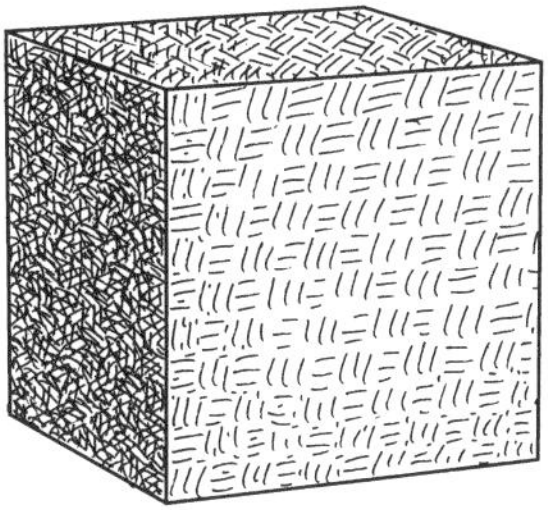

1個、2個、3個

円と戯れる

定規、コンパス、筆記具、紙を用意しよう。まず水平な直線を1本引く。コンパスの脚を開いて、針を線の上に合わせ、円を描く(右頁上段)。

次に、円と直線の交点にコンパスの針をあて、最初の円と同じ大きさの円を描く。このようにして円の上にもうひとつの円を描くと、互いの円の中心を円周が通り、あいだにアーモンドのような形のウェシカ·ピスキス(vesica piscis, 文字通りの意味は“魚の浮袋”)ができる。これは円から一番最初に作られる形のひとつである。キリスト教ではイエス·キリストがしばしばウェシカ·ピスキスの中に描かれる。ウェシカ·ピスキスの内部には正三角形が2つ定義される(右頁中段)。

第2の円と反対側に第3の円を同じようにして描くと、正六角形の6つの頂点すべてが定義される(右頁下段)。

このように、円は簡単に正三角形と正六角形を作り出す。

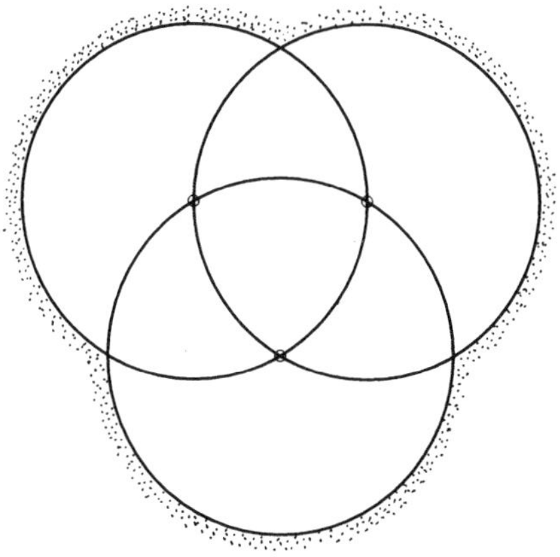

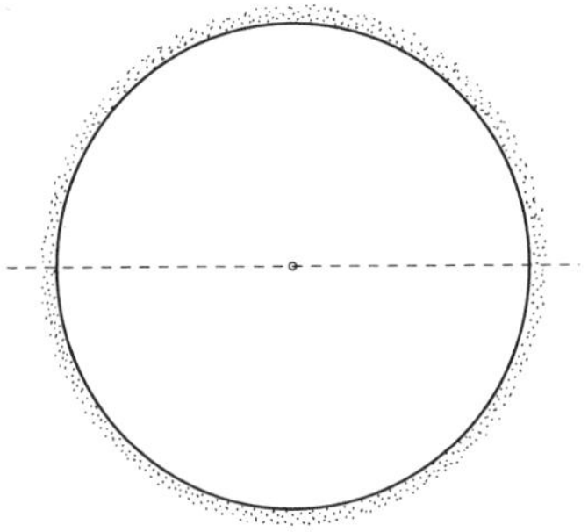

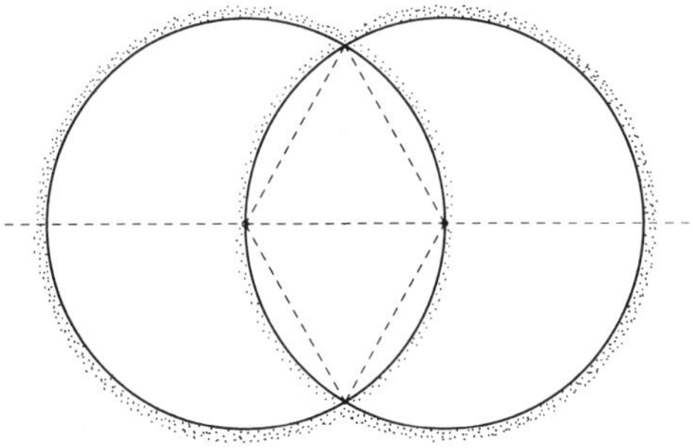

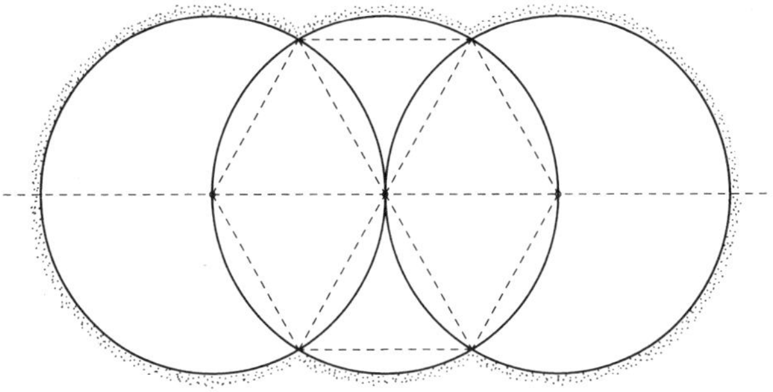

1を囲む6

もしくは12、さらには18

正六角形の6つの頂点からは、下図のようなパターンが生まれる。もうひとつの方法として、円周上を“歩き回る”ことでもこの図形を描ける。これは、たいていの子どもが小学校で（先生の指示のもとで、あるいはコンパスで勝手に遊んでいて）やったことがあるのではないだろうか。

下の図を見てほしい。中央の円の外側に接するように6個の円を描きたいとき、それらの円の中心はどうやって決めればよいだろう？　ひとつのやり方は、右頁上のように薄く円を描いて、中心にすべき点（小さい丸印）を求めることである。もうひとつは、右頁下のように直線を引くことである。どちらでもうまくいく。

さて、こうして、1個の円の外側に接する6個の円を描くことができた。オレンジやワイングラスやテニスボールを並べてもこの形を見ることができるが、これは本当に特別なすばらしい形なのだ。「1を囲む6」は、旧約聖書の冒頭のテーマでもある――6日間働いて7日目は安息日。円と6にはなにかとても深い縁がある。

1を囲む12

正十二角形を描くには

1から6が生み出されるように、6からは12が生まれる。六芒星の直線を延長して、6つの円の外側の円周と交わる点を取ると、正確に空間を12等分することができる（右頁）。12の辺を持つこの多角形は正十二角形と呼ばれる。

正十二角形は、正六角形の周囲に6つの正方形と6つの正三角形を交互に並べて作ることもできる。右頁の図でおわかりになるだろうか?

下の図は同じことを三次元で行っている。ボール1個の周囲に12個のボールが配され、外側の12個はいずれも中心のボールに接し、また隣接する4つのボールにも接している。これによってできる形は立方八面体と呼ばれ、5頁で紹介した正四面体および立方体と密接に関係している。

多くの結晶がこの立方八面体にのっとって成長する。

二次元で1のまわりを6が囲むのと同じように、三次元では1のまわりを12が囲む。そういえば、新約聖書は1人の師と12人の弟子の物語である。

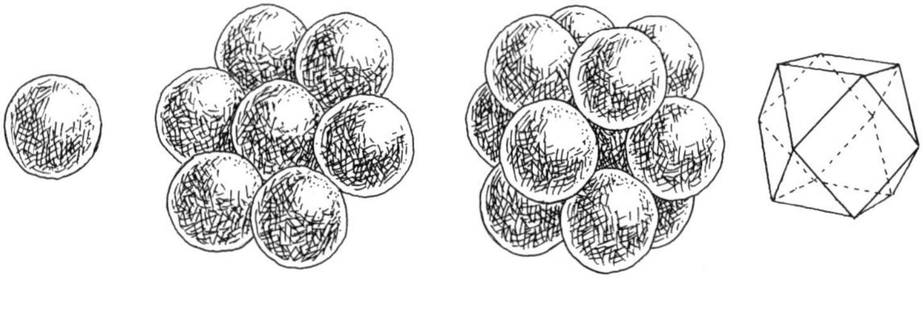

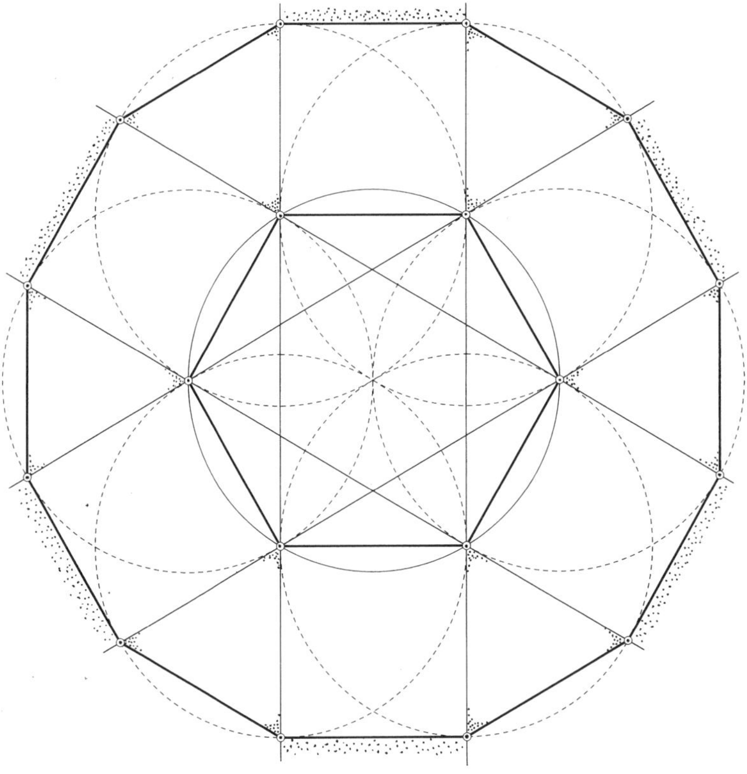

5つの正多面体と五大元素

三次元へのちょっとした寄り道

本書では主に二次元までを扱うが、5という数の理解を深めるために、ここで少しだけ三次元世界を探検してみよう。

三次元の正多面体は5種類しかない。正多面体はどの辺の長さも等しく、すべての面が形も大きさも等しい正多角形から成っている。頂点はいずれも、中心から等距離にある。この条件を満たす立体は5つだけなのである。この5つは「プラトンの立体」とも呼ばれるが、プラトンより2000年も早く、イギリス諸島で既に知られていた。というのは、スコットランドのアバディーン州にある新石器時代のストーンサークル遺跡で、この5つの立体が揃って発見されているからだ。

第1の正多面体は正四面体である（右頁上段）。4つの頂点と4つの面（正三角形）を持つ正四面体は、古来、「火」をあらわしてきた。

第2の多面体は正八面体で、6つの頂点と8つの面（正三角形）を持ち、「空気」をあらわす（同、中段左）。

3番目は正六面体（立方体）で、8つの頂点と6つの面（正方形）を持ち、「土」をあらわす（同、中段右）。

4番目は正二十面体で、12個の頂点と20個の面（正三角形）があり、「水」をあらわす（同、下段左）。

最後が正十二面体で、20個の頂点と12個の面（正五角形）があり、神秘的な第5の元素「エーテル」をあらわす（同、下段右）。正十二面体の美しさを――12個の正五角形が見事に組み合わさっているさまを――よく見てほしい。

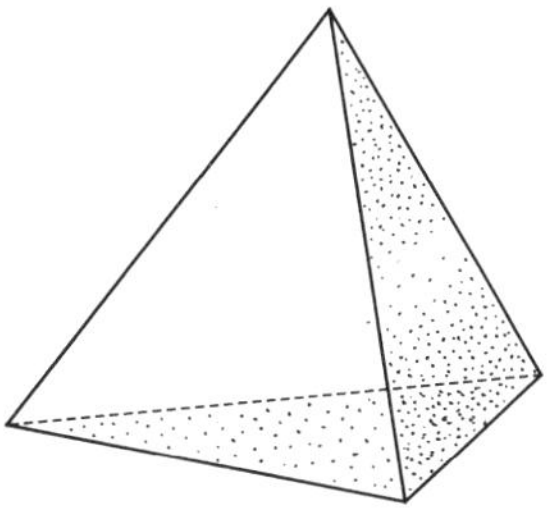

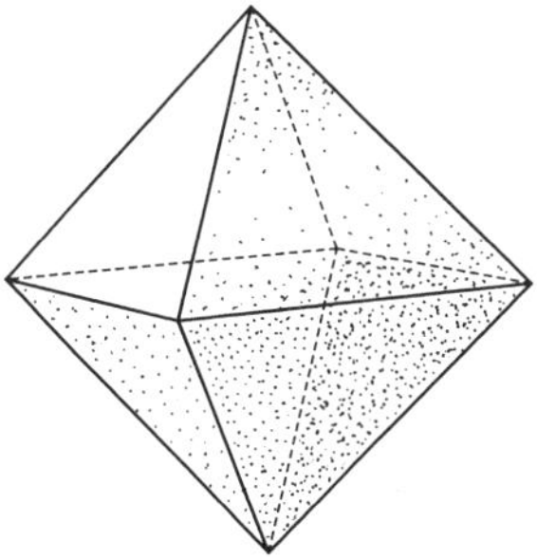

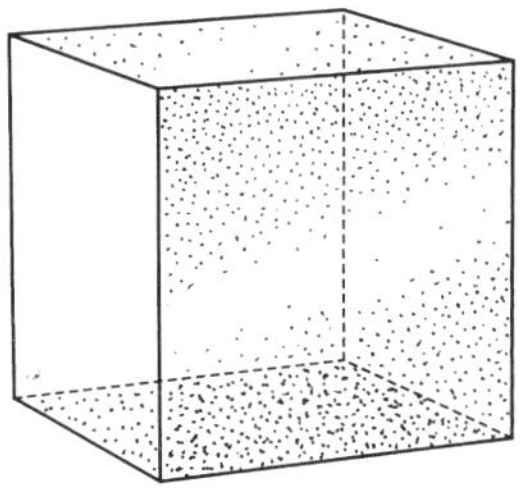

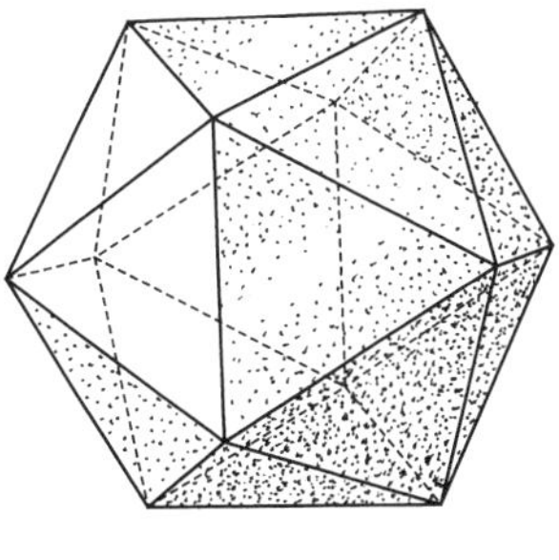

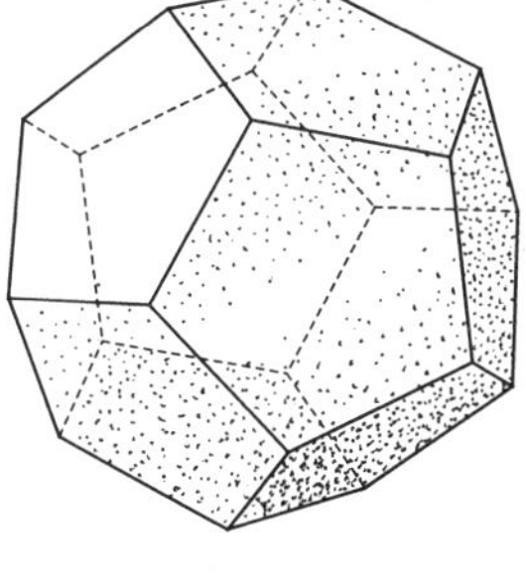

円と正方形

天と地の結合

　伝統的に、円は「天」、正方形は「地」をあらわす形とされる。この両者を統一し、面積の等しい（あるいは周の長さが等しい）円と正方形を作ることを「円の正方形化」という。これは天と地、あるいは精神と物質を象徴的に結びつけることを意味する。5つの元素（五大元素）でできた人間は、天と地の間に存在する。右頁に載せたレオナルド・ダ・ヴィンチ作の絵では、手と足の位置が円と正方形の両方に合っている。

　下に示したのは、周の長さが等しい円と正方形である。実は、右頁の図の円と正方形もそうである。驚くべきことに、地球を入れるとちょうど内接するような正方形を考え、次にその正方形と周の長さが等しい円を描いてみると、99.9％の精度で月の大きさが定義される（右頁でいえば人物の頭の上から円周までがそれにあたり、下中央の図では地球にくっつけて描いた月を参照するとわかる）。地である地球と天にある月は、このように円の正方形化と結びついている。コンパスを使った標準的な円の正方形化のやり方も紹介する（下図の左と右）。

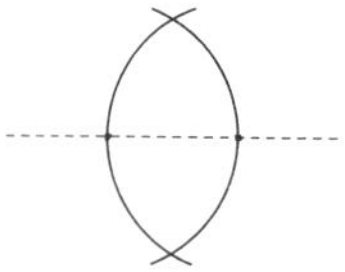

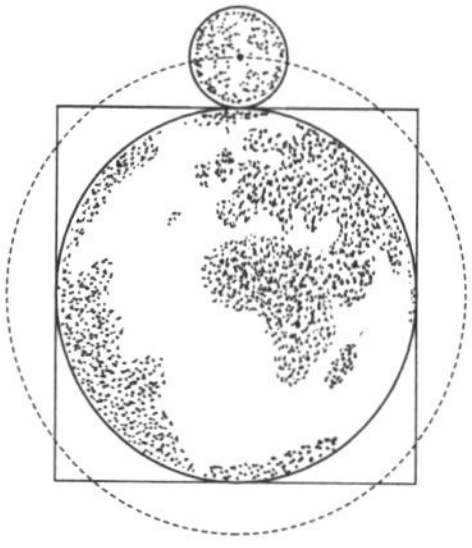

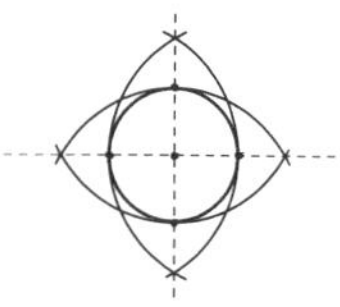

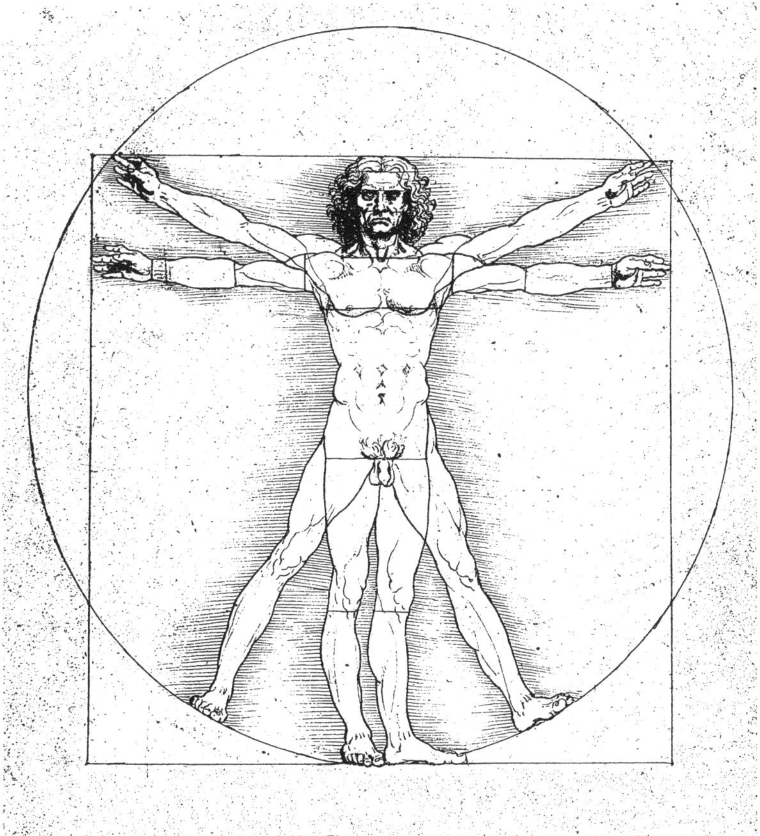

カノン

天と地の数

月の半径を3とすると、地球の半径は11になる。スウェーデンのゴットラント島にあるイェルム教会の入口（右頁）は、熟慮された3:11の比率をはっきりと示している。さて、3×11は33になるが、アイルランドや古代スカンジナビアの神話には33人の戦士の物語がたくさんある。イエスは33歳で十字架にかけられた。また、地球上のどの地点においも、太陽は33年周期で地平線上のまったく同じ位置から昇る。

7という数は3とも11とも一緒に働く。例えば地軸の傾き（23.4度）の数値はほぼ7÷3×10であるし、22÷7は円周率πの近似値である。

もうひとつ、重要な結びつきを持つ数のペアとして、5と8がある。下の図は比率の点で非常によく似ている。どちらの図でも、外側の円を地球の軌道とすると、内側の円は水星の軌道になる。図には記されていないが、金星は水星と地球の間にあり、8年かけて天に巨大な五角形（五芒星）を描く。

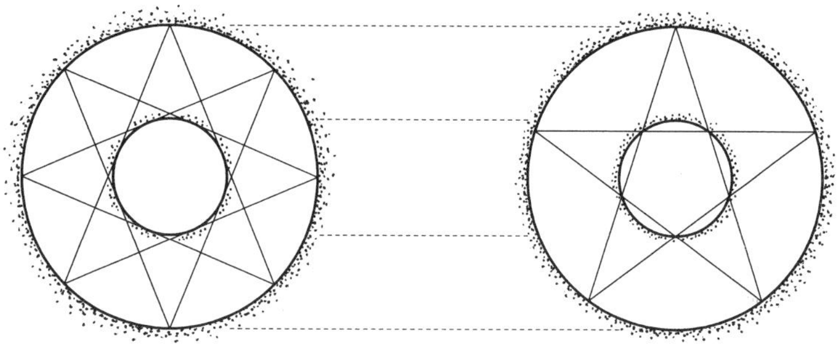

ゴットラント（スウェーデン）のイェルム教会入口。
Marryat の"One Year in Sweden"より

ピラミッドの幾何学

すべてがここで結びつく

世界で最も有名な幾何学物体はなにかといえば、それはおそらくエジプトのギザにある大ピラミッド、奇妙な回廊と謎めいた部屋を隠し持つあの巨大建造物であろう。右頁の5つの図は、それぞれ次のことを示している。

1. ピラミッドの高さを一辺とする正方形を考えると、その面積は側面ひとつの面積に等しい。

2. ピラミッドの黄金分割、$\phi = 1.618$（24頁）。

3. ピラミッドの中にある円周率π（3.14159...）。

4. ピラミッドによる「円の正方形化」（14頁）。

5. ピラミッドの「網」を定義する五芒星。切り抜いてみよう!

geometry（幾何学）という単語は、「地を測る」という意味から来ている。ピラミッドは途方もなく正確な日時計であり、天体観測施設であり、土地測量道具であり、重さや長さの基準を保存しておく場所としても機能していた。ピラミッドの設計には、極めて正確な測地術、詳細な天文学データ、そして上に書いたようなシンプルな幾何学のレッスンが織り込まれていた。

ピラミッドの内部の「王の間」には、下の図のように辺の長さの比が3:4:5の三角形が隠されている。また、ギザの第2のピラミッドのスロープの角度も3:4:5の三角形から導かれる。

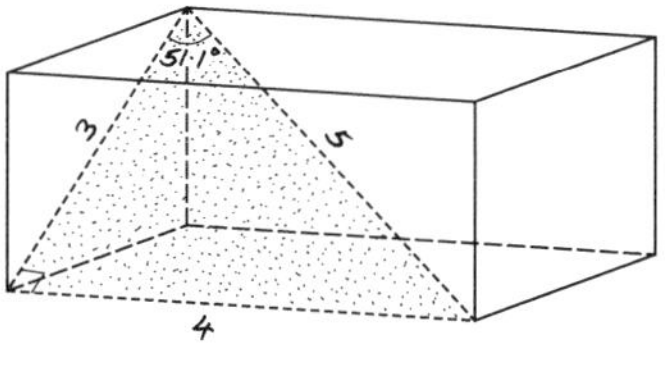

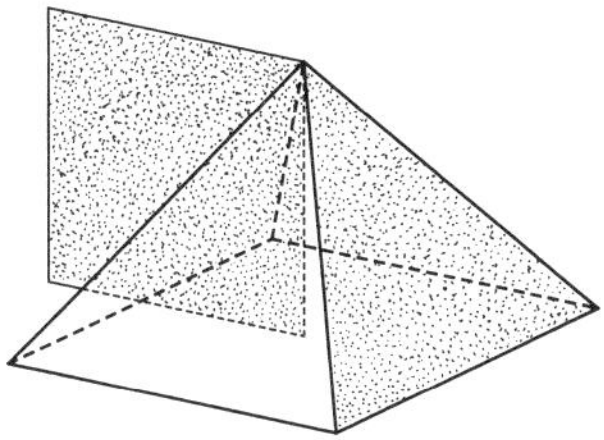

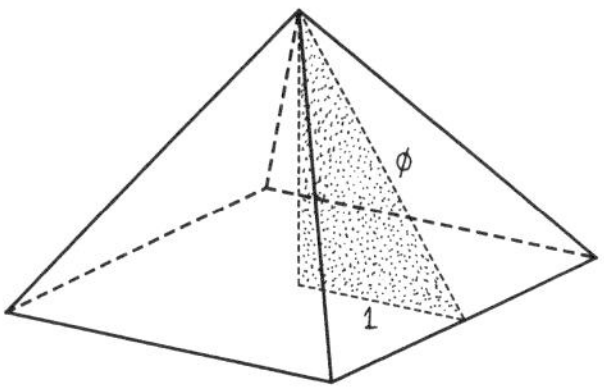

ϕ
1

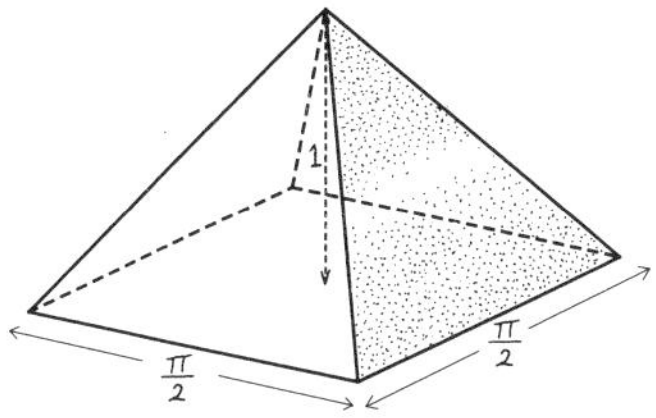

1
π/2
π/2

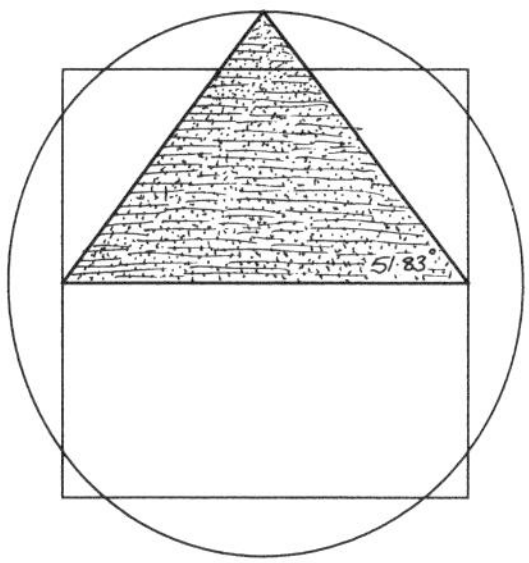

51·83°

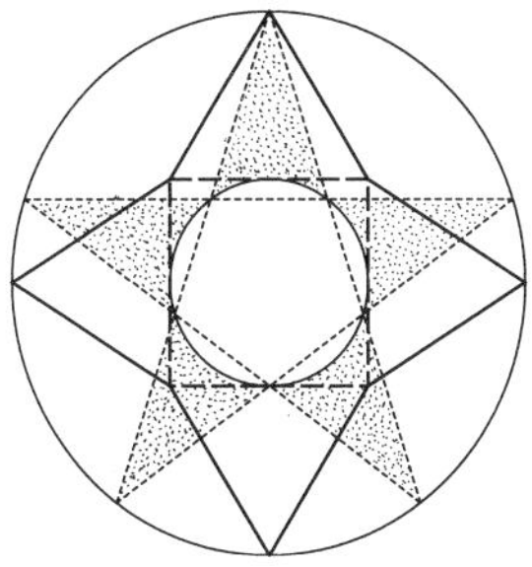

2分の1と3分の1

正三角形と正方形によるその定義

円の中の正三角形（右頁左上）と、入れ子状の2つの正方形（右頁右上）を見てほしい。内側の円の半径が外側の円の半径のちょうど半分になるという共通点がある。これらは、音楽におけるオクターブを幾何学で表現している。オクターブは、弦の長さまたは振動数が半分（2分の1）になったり2倍になったりした時の音程なのである。

2分の1の次にくる3分の1という分数を定義するのは、正三角形でできた三次元立体の正四面体である。球に内接する正四面体があり、その中にまた球が内接しているとき、中の球の半径は外の球の半径の3分の1になっている（右頁左下）。入れ子状の2個の立方体または2個の正八面体、あるいは立方体の中の正八面体（右頁右下）も、3分の1を作り出す。幾何学の3分の1は音楽の記譜法では1オクターブ＋5度の音程になる。

このように、二次元図形は2分の1を定義し、三次元図形は3分の1を定義する。下図では、もうひとつ魅惑的な3分の1を紹介しよう。

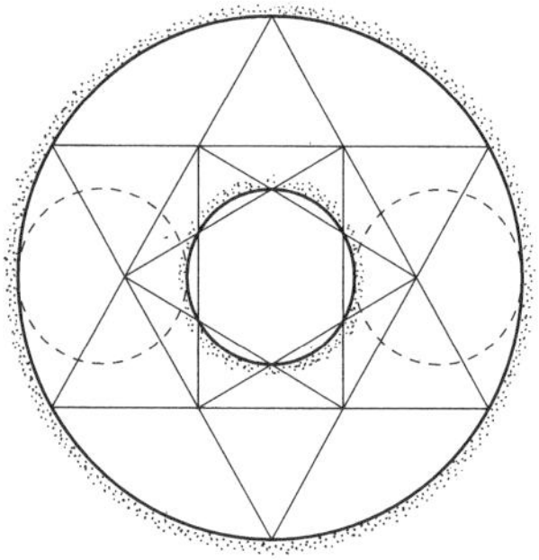

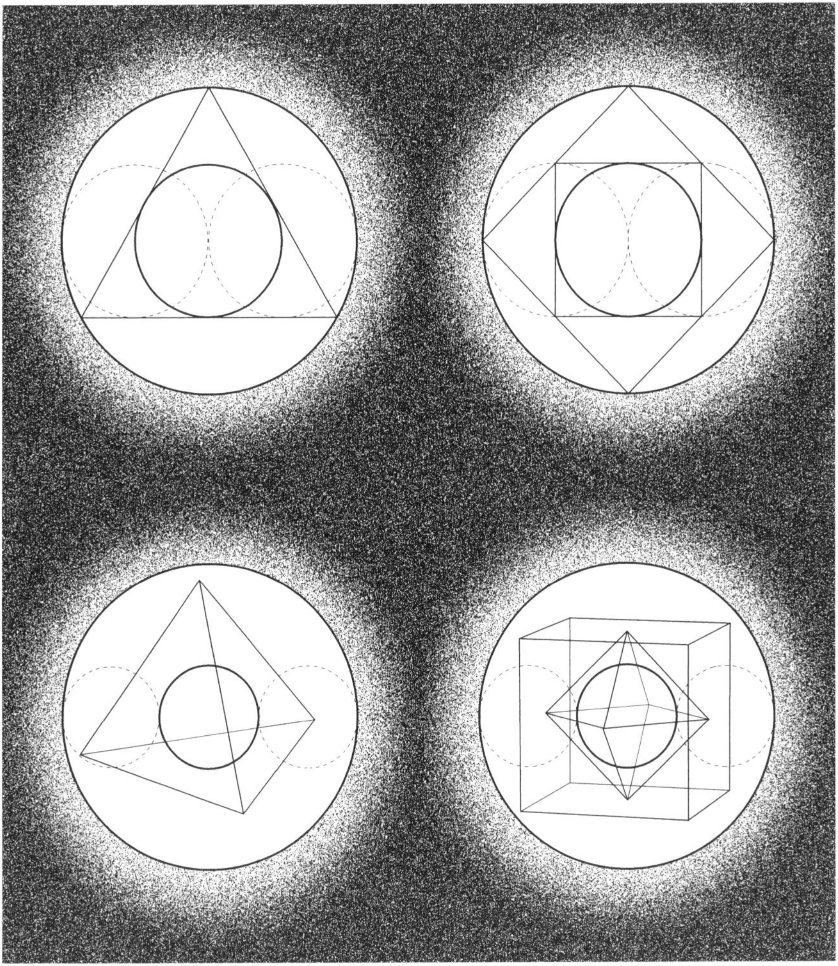

音が描く形

音の形と、4分の3

幾何学は「空間における数」であり、音楽は「時間における数」である。音楽の基本音程のセットは単比の基本的セット、 つまり1:1(同音、ユニゾン)2:1(オクターブ)、3:2(5度)、4:3(4度)などになっている。4度と5度の違いを計算すると9:8で、全音ひとつぶんである。音楽の音程は幾何学における比に似ていて、必ず一定の比率の2つの要素を――つまり、2つの弦の長さ、2つの周期(時間の長さ)、あるいは2つの振動数(単位時間あたりの振動)を――含んでいる。

一定の速度で円を描くようにスイングするペンと、それとは異なる速度で逆方向に円を描いてスイングする台を組み合わせて、音程を視覚的な図形にする装置を作ることができる。この装置はハーモノグラフと呼ばれる。右頁は、ハーモノグラフを使ってほぼ完全音程に近い音程で描いた2つの例。オクターブ(上)は三角形に似た形が描かれ、5度(下)は五角形に似た形になる。

2オクターブ(4分の1)は、2つの正三角形、あるいは4つの正方形、または五芒星の中の正五角形によって正確に定義できる。

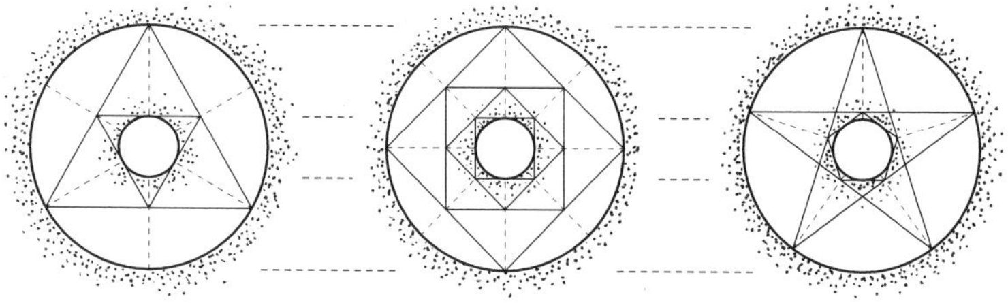

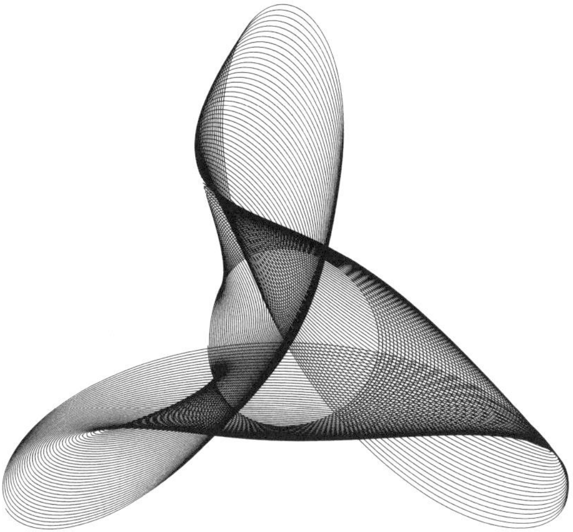

黄金分割

黄金比とその他の重要な平方根

右頁の大きな図は、五角形の中の五芒星である。ついでに言うと、リボンをねじれのない一重結びにきちんと結び、平たく押し潰すと、正確な五角形ができる。一度お試しあれ！

さて、右頁の大きな図では、タイプの同じ破線や鎖線が２本ずつあってペアになっている。これら同種の線のペアでは、いずれも長さの比が黄金分割比 $1:\phi$ になっている。ϕ（ファイ）は0.618または1.618である（より正確には、小数点以下は61803399...）。

黄金比の重要なポイントは、ある線分を黄金比ϕで分割すると、短い部分と長い部分の比が、長い部分と全体の比に等しいということである。他の比率で分けると、決してこれほどエレガントな統一性は生まれない。例えば、$1 \div 1.618 = 0.618$であり、$1.618 \times 1.618 = 2.618$である。つまり、$1 \div \phi = \phi - 1$、$\phi \times \phi = 1 + \phi$ なのだ！

黄金分割は、辺の数が少ない多角形（右頁下）に見られる3つのシンプルな比率のうちのひとつである。1辺の長さが1の正方形の内部には$\sqrt{2}$があり、五角形と五芒星では1.618ができ、六角形には$\sqrt{3}$が生じる。$\sqrt{2}$と$\sqrt{3}$は動物界、植物界、鉱物界に広く見られるが、ϕは主に有機生命体に現れ、鉱物では稀にしか見られない。優れたデザインにはこれらの比率がうまく使われている。

フィボナッチ数列（隣り合う項を足したものが次の項になる）は1, 1, 2, 3, 5, 8, 13, 21, 34, 55, 89, 144, ... と続いていくが、数が大きくなるほど、隣同士の数の比が黄金比ϕに近づいていく。厳密な式では、$\phi = \frac{1}{2}(\sqrt{5} - 1)$である。

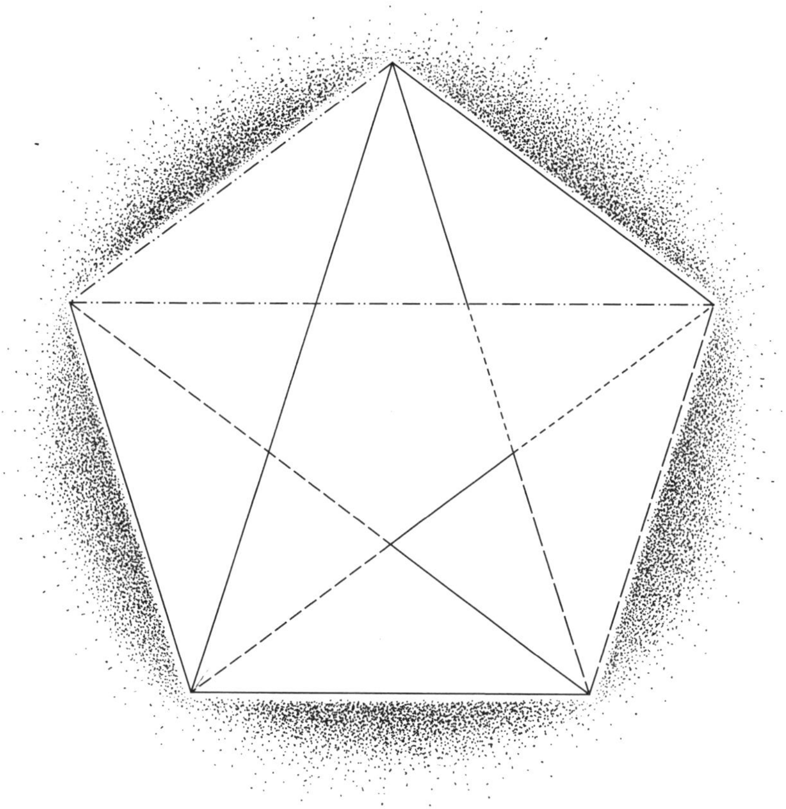

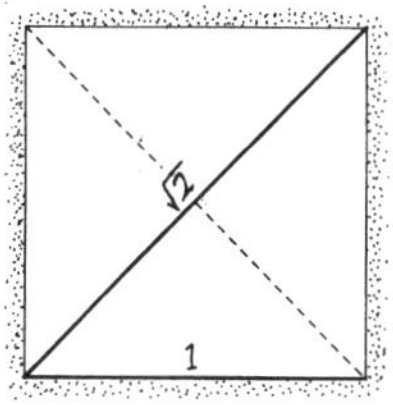
√2
1

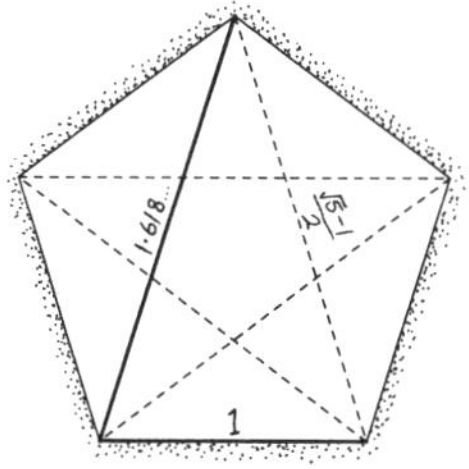
1.618
√5-1
2
1

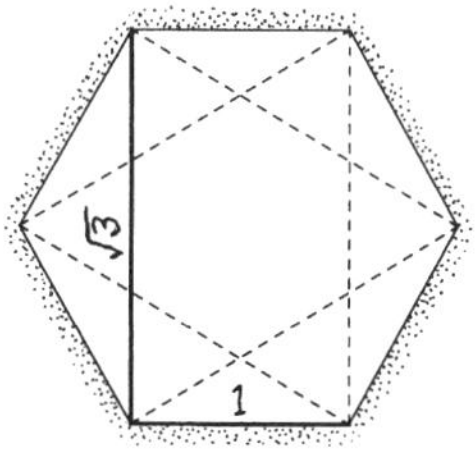
√3
1

五角形の描き方

および黄金比の長方形

右頁に載せた五角形の描き方は完璧である。この方法が最初に記されたのは、2500年ほど前のエウクレイデス（ユークリッド）の『原論』の最後の巻であった。

横線を引き、線上のどこか1点を中心として円を描く。コンパスの幅を変えず、針を図の1の点にあてて円の中心を通る弧を描き、ウェシカ・ピスキス（6頁）を作る。次にコンパスを大きく開き、1と2を中心にして最初の円の上と下に弧を描き、交点を作る。直定規を使ってこの2点を結ぶ直線を引くと、円の中心を通る。今度は直定規でウェシカ・ピスキスを縦半分にする線を引き、3の点を得る。3を中心として、円の頂上部4を通る弧を描いて、5の点を得る。

4を中心として5を通る弧を描くと、最初の円との交点が五角形の2つの頂点になる。この2点を中心に、それぞれから4までの距離を半径としてコンパスを動かし、最初の円と交わる点を取ると、五角形の残りの頂点が得られる。

建築でよく使われる「黄金比の長方形」は、正方形の辺の中点を利用すると描くことができる（下図）。

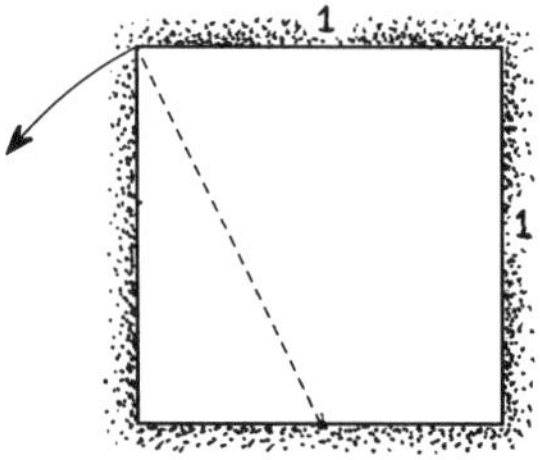

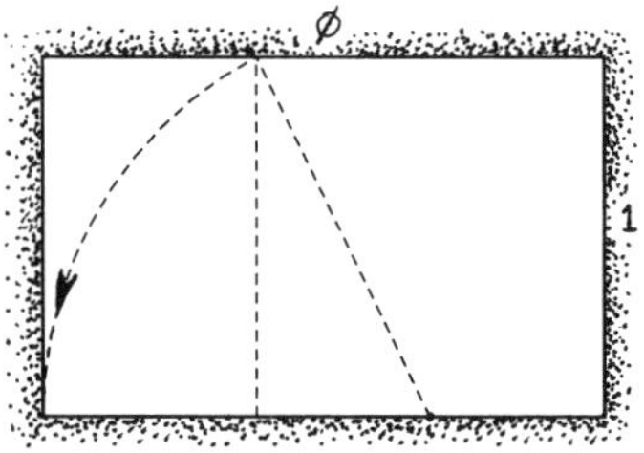

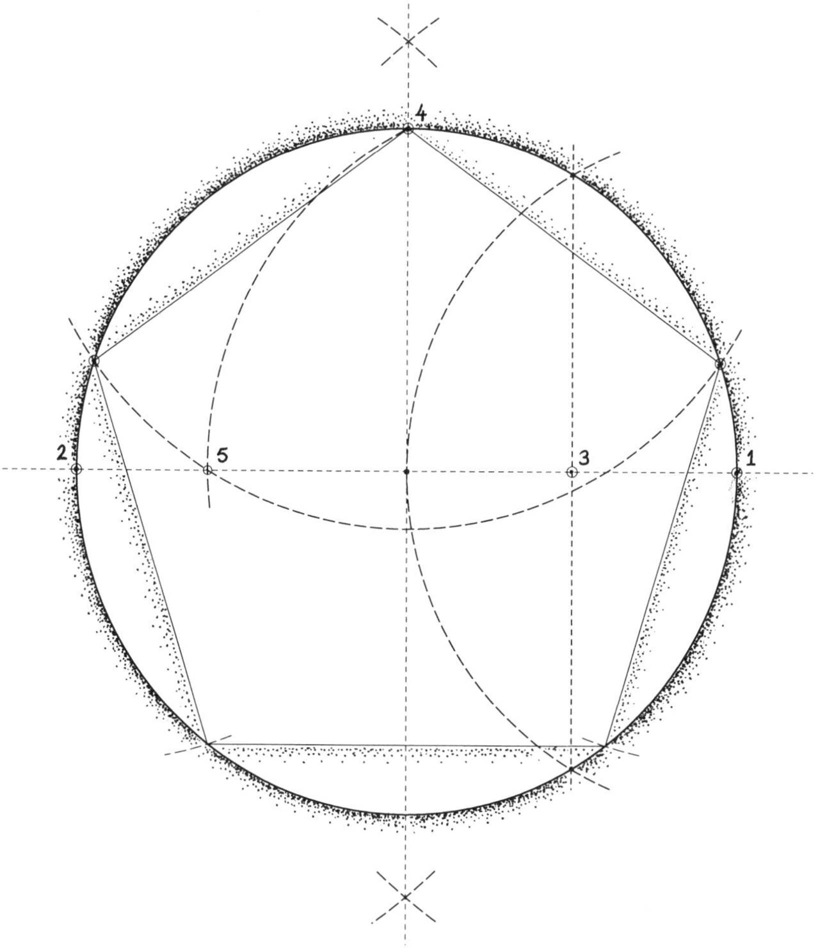
4
2
5
3
1

いろいろな渦巻

その描き方

渦巻は驚きに満ちたすばらしい形である。自然界の随所にありとあらゆるスケールで渦巻が見られる。本書では、複数の円弧でできている渦巻から3つの例を選んだ。

第一の例はギリシャのイオニア式渦巻である(右頁左上)。これを描くのは非常に難しい。その秘密のカギは、渦巻の上方にある格子に隠されている。渦巻の絵の中に破線で引かれた直線は、弧の半径をあらわすとともに、それぞれの弧の中心の位置の手がかりも与えている。実は、見た目ほどややこしくはない。

右頁右上のような等間隔の渦巻を描くにも、カギが必要である。カギは、2個の点、または正三角形、正方形、正五角形、正六角形(この図の例)のどれでもよい。点の数が多ければ多いほど完璧に近い渦巻になる。まずカギとなる図形を小さく描き、コンパスを大きく広げて、カギの1つの点を中心として隣の点の方向へ弧を描き、中心にした点と隣の点を通る辺の延長線とぶつかったら止める。コンパスの中心を隣の点(弧に近い)に動かし、先に描いた弧につながるようコンパスの半径を縮めて、次の弧を描く。説明を聞くと難しそうだが、実際にやってみるとすぐ飲み込めるはずである。最初のカギが大きいほど、渦の線同士の間隔が広くなる。ここで最初のイオニア式渦巻のカギをもう一度見てみよう。なにがどうなっているか、おわかりになるだろうか?

右頁下の図は黄金比の渦巻で、自然界によく見られる。黄金比の長方形(ジョージ王朝様式の玄関や窓がその例)は、そこから正方形を切り取った残りも黄金比の長方形になるという性質を持つ。その性質を用いて、それぞれの正方形に4分円を描いていくと、黄金比の渦巻ができる。

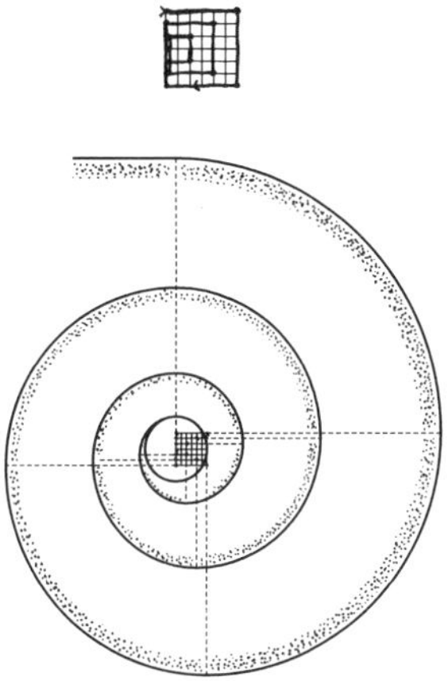

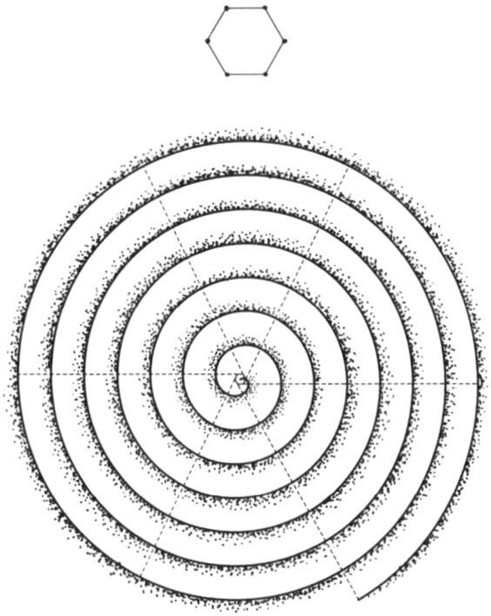

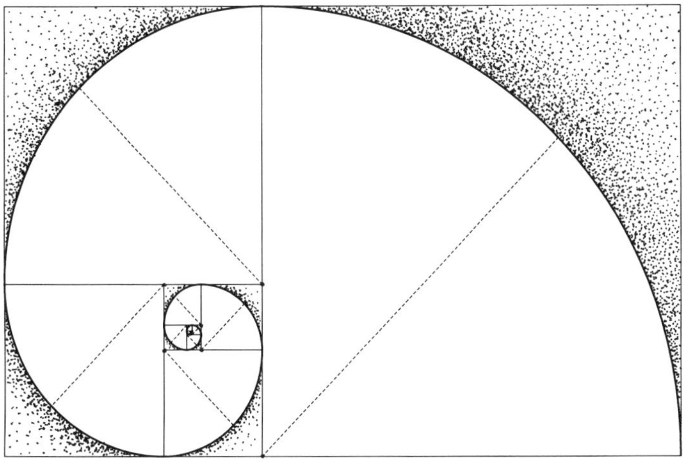

七角形

3から生まれる7

右頁の図のように円周を6等分し、円内に正三角形を作る。斜辺の中点（1と2）を求め、そこから底辺へ垂線を下ろすと、3と4の点が得られ、その先には円周との交点ができる。この円周との交点が、七角形の頂点のうち2つである。次に三角形の一番上の点を中心として、1と2を通る弧、3と4を通る弧を描く。これらと最初の円との交点が、七角形の残る4つの頂点である。

3と7という数はよく一緒に働く（16頁）。横が3で縦が7の長方形の対角線の傾きは地軸の傾きに近い。また古代の多くの聖像画の首の傾き具合もこの角度である。

定規とコンパスだけで厳密に正確な七角形を描くのは不可能に近い。ところが、長さが等しい棒（例えばマッチ棒）7本を使うと、パーフェクトにできる（下左）。このくさびのような三角形の頂角は円の中心角360度のちょうど14分の1になっているので、これを2つ使えば円の7分の1が得られる。古代には、若干精度が落ちるが、6つの結び目を持つ紐や13の結び目を持つ輪状の紐を利用した方法も使われた（下図の中央と右）。

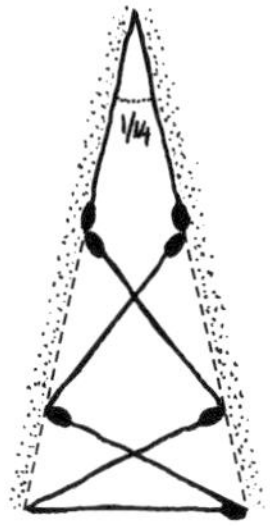

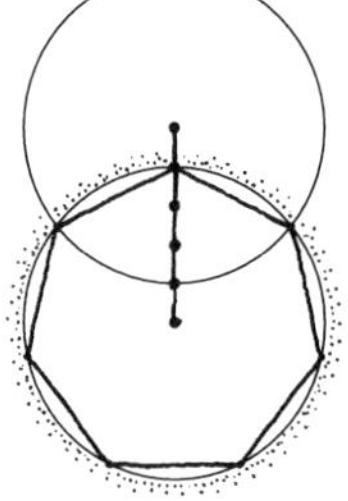

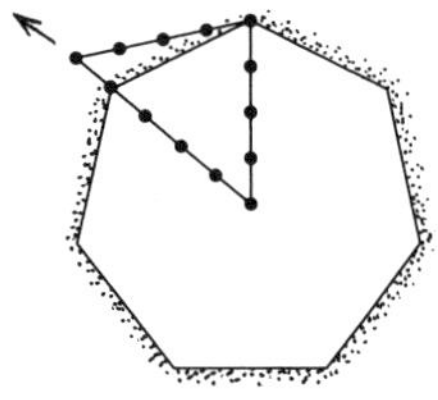

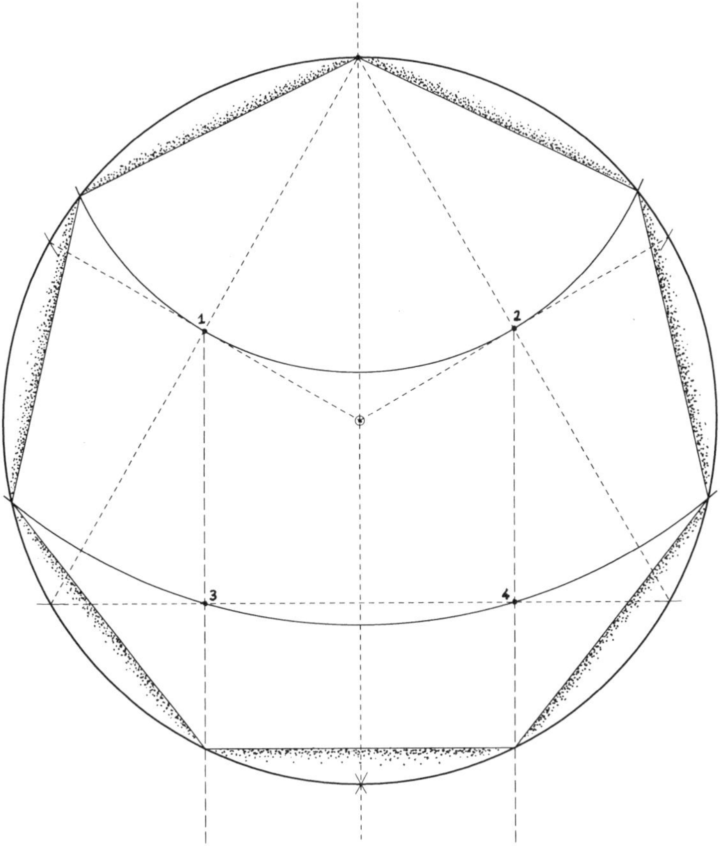
1
2
3
4

九角形

9と魔法の正方形

右頁の図は、円の中の六芒星から出発し、3つの中心から弧を描いて、円をほぼ正確に9等分したものである。

多くの特別な数では、含まれる数字を足すと9になる。例えば、月と地球の直径をマイルであらわしたときの数(2160と7920)や、360と666、五角形に関係した角度である36、72、108などがそうである。9の倍数はすべて、数字を足すと9になる。9は3の3倍、3の2乗である。多くの民族や部族の文化伝承で、9つの世界や9層の世界が語られている。

下の図は、正方形の中に描かれた基本的な八芒星である。これを使った単純な工夫によって、正方形の1辺を3等分、4等分、5等分することができる。つまり、1個の正方形を9個、16個、25個の小さな正方形に分割できる。

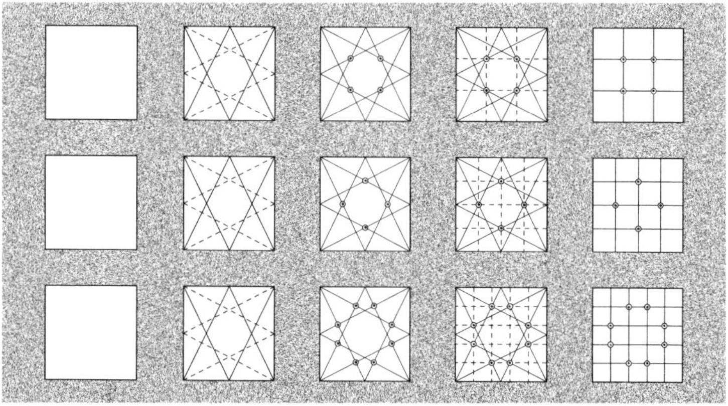

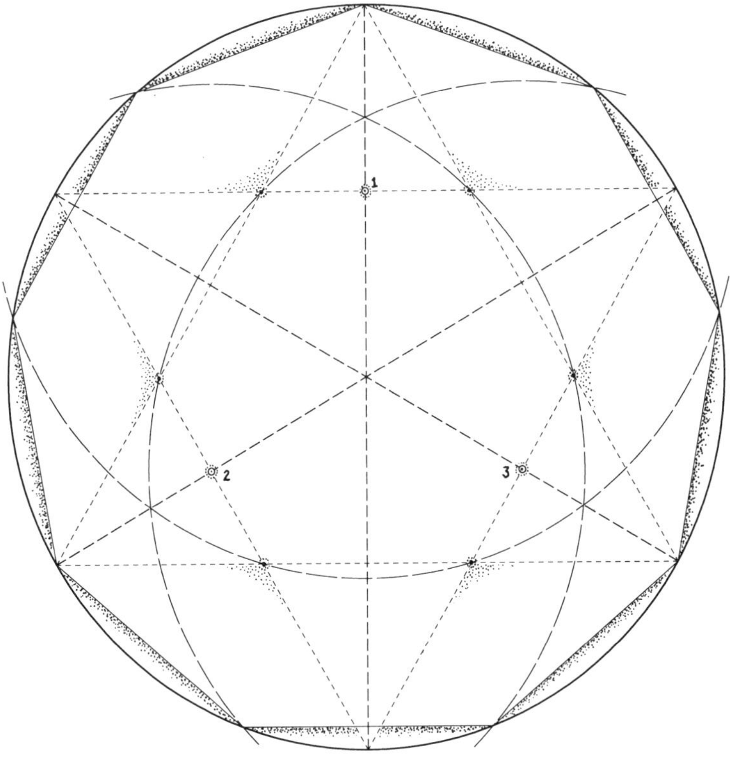
1
2
3

コイン・サークル

円が作る構造

二次元でも三次元でも、点や頂点を円または球として捉えることができる。コイン、ビー玉、オレンジなどがあればさまざまな格子構造を作れて、平面上での空間の配置についていろいろなことがわかる。

ここから37頁までに示した格子はすべて、大きさが等しくて互いに接する円を使って描くことができる。

最も一般的なパターンは正三角形の反復配列である（右頁左上）。

一方、右頁下の図は、互いに重なり合う正十二角形（11頁）を作るひとつの方法である。

初心者には気付きにくい隠れた事実をひとつお教えしよう。球を並べて作った九角形は、その内側に正確に接する球を2つ含むことができる（下図）。

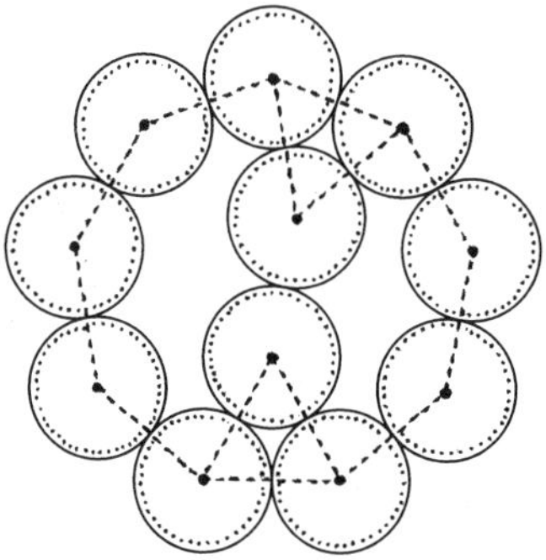

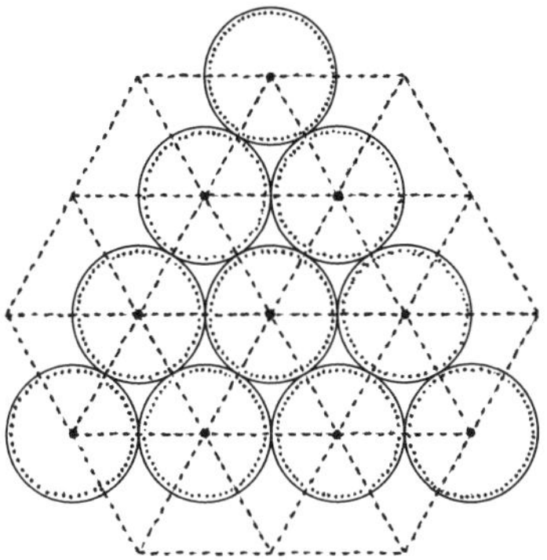

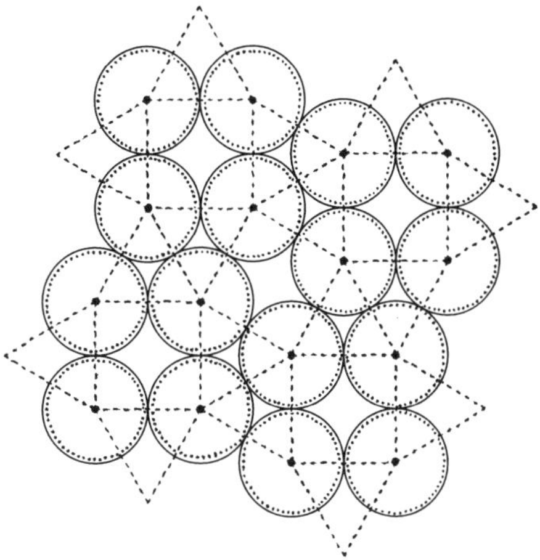

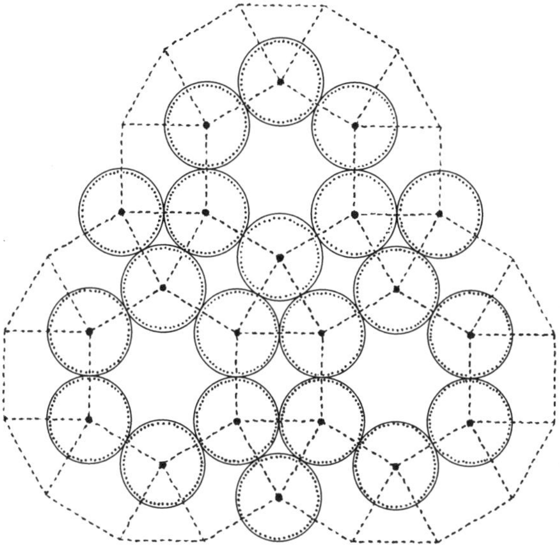

タイリング

繰り返しパターンで無限の平面を埋めつくす

大きさの等しい1種類の正多角形を使い、タイルを敷き詰めるようにして平面を充填することを正則のタイリングという。その方法は3通りある（下図）。これに対して、複数の正多角形を使って頂点形状が一様になるように並べる方法は半正則（セミレギュラー）のタイリングという。例えば右頁中央のパターンでは、すべての頂点で2つの正六角形と2つの正三角形が接している。半正則タイリングは8種類ある（右頁）。右頁の左上と右上の図は同じパターンの裏返しなので1種類と数える。この11種類はどれも定規とコンパスで簡単に描くことができる。

一部のデザインは、さらに細かく分けることも可能である。11頁で見たように、正十二角形は正六角形と正三角形と正方形とで作ることができ、正六角形は正三角形6個で作ることができる。正三角形と正方形の組み合わせからは、このうえない驚きに満ちたパターンが生まれる（38–39頁）。八角形は正方形と組み合わせない限り平面を埋められない（右頁上中央）。五角形で平面を充填するのは簡単ではないが、三次元では五角形が活躍する（12–13頁）。七角形と九角形はタイリングには適さない。

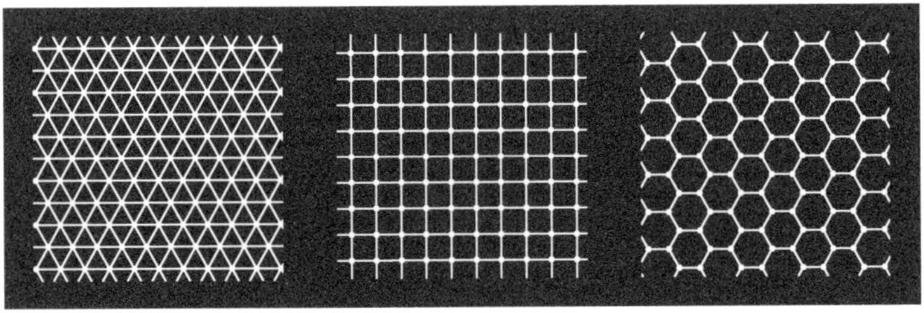

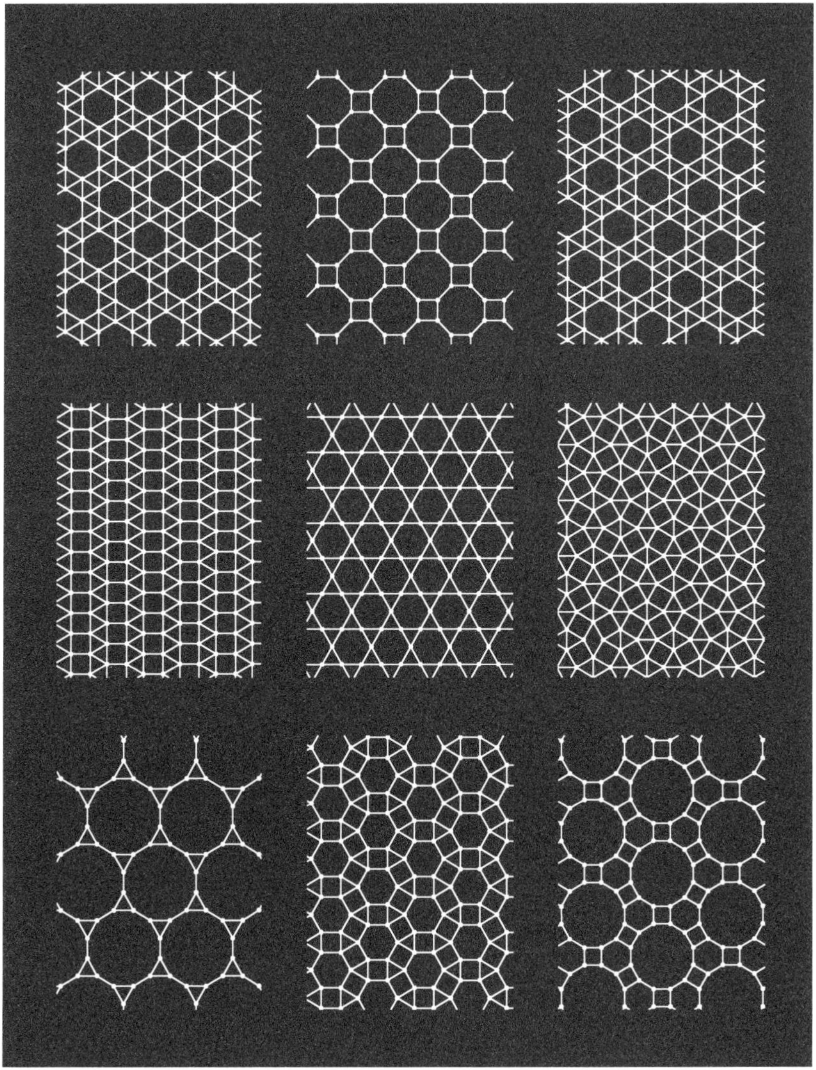

タイリング（その2）

14種類の部分正則タイリング

この見開きページでは、平面を充填する20種類以上の部分正則（デミレギュラー）タイリングを紹介している。部分正則というのは、複数の多角形を使い、2種類の頂点形状が許容されるパターンである。

これらのタイリングは、多くの文化で宗教美術や装飾美術に使われるパターン構造の基本になってきた。ケルトやイスラムの模様にも、自然界の結晶や細胞の構造にも、これらのパターンが見出される。ウィリアム·モリスは、繰り返し模様の壁紙や布地をデザインする際にこれを大いに利用した。想像力を解き放てば、パターンの利用法は無限に出てくるだろう。

40頁では、ここにある格子パターンのうちひとつが利用されているのを見てみよう。

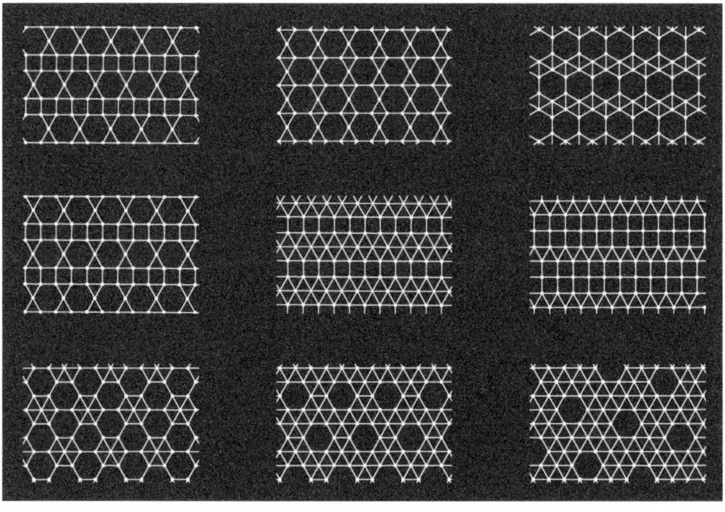

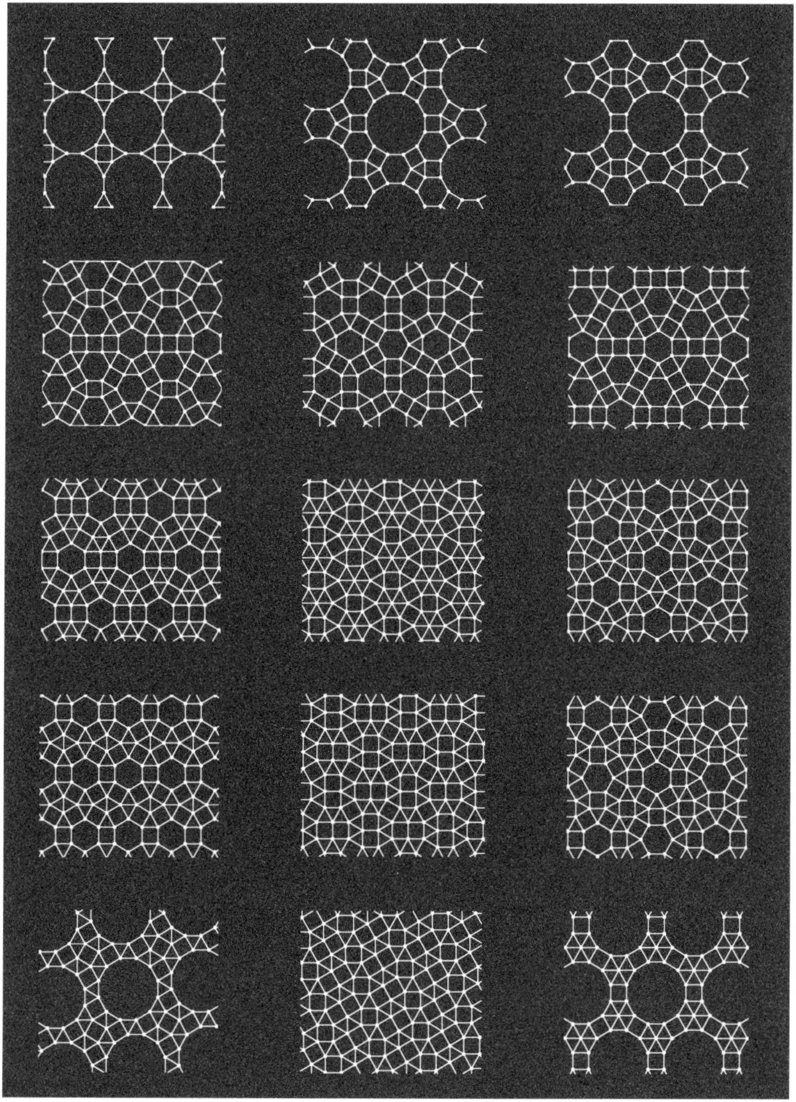

最小部分

反転可能な型紙染めと回転可能な版木染め

半正則と部分正則の格子はすべて正方形または正三角形のユニットに還元でき、それを反復させたり回転させたりして全体のパターンを再び作ることが可能である。多くの場合、反復する正三角形または正方形のユニットはとても小さい。ただ、実際に使う場合、印刷用の版木や型紙を回転させるのは簡単でも、反転させる（裏返す）のは難しい。反転した図案を刷りたければ、反転させたパターンも含むもっと大きい版木を彫ったり型紙を作ったりする必要がある。

右頁のデザインは、39 頁の格子のひとつを基本にしている。基本ユニット（右頁上とこの頁の右下）の回転と反転で全体の模様が生まれる。

正方形と正三角形を半分に分けると、さらに小さい三角形のユニットができる（下左）。ただし、右頁の模様でこれをするときには注意が必要である。なぜかは自分で考えてみよう。

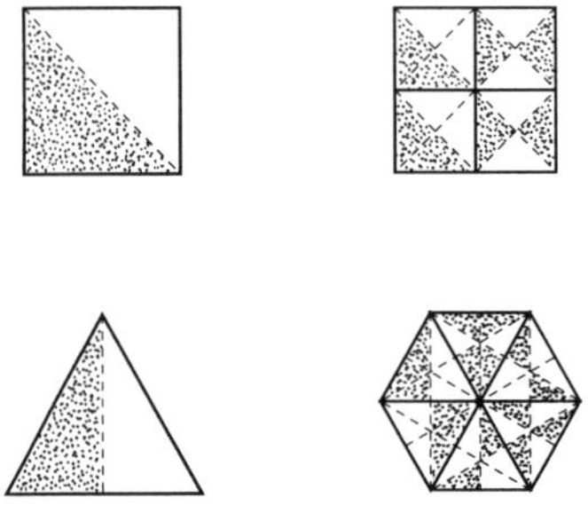

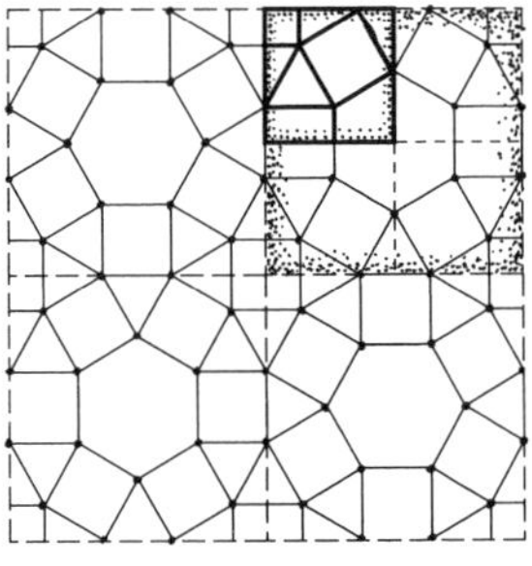

イスラムのとあるデザイン

格子の陰から生まれ出る星

イスラムのパターンは、無限の広がりとあらゆる場所に遍在する中心とを語ってくれる。

ここで紹介するパターンは、1つの円が中心にあり、それを6つの円が重なりつつ囲む形からスタートする。そこでは、正三角形、正方形、六角形が組み合わさって、全体が十二角形をした格子が生まれる（11頁、37頁下段中央）。

キーポイントは、すべての正多角形の辺の中点である。中点同士を特定の結び方で結び、その線を適宜延長すると、下の図や右頁の図のような形ができる。新たにできた副次的な小格子（サブグリッド）にはさまざまな美しいパターンが隠されていて、見つけてもらえるのを待っている。

副次的な小格子自体は、伝統的美術ではめったに明示されない。これらは現実の中に潜在する構造の一部と考えられ、そこに宇宙や秩序が重ね合わされている。宇宙や秩序をあらわす英語 cosmos の語源であるギリシャ語 κδσμος には、秩序のほかに装飾という意味もある。

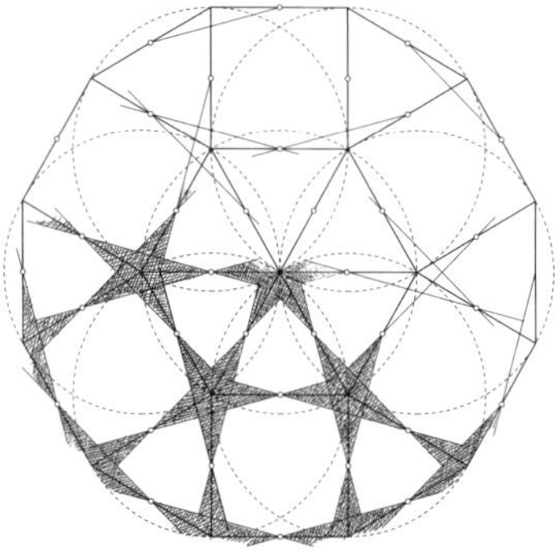

教会の窓

マン島からほど遠からぬ場所に

典型的な教会の窓の石細工は、右頁のようなものである。これは非常に美しいデザインで、この種のデザインは多くの教会で見ることができる。

この構造を下の図から読み解けるかどうか、挑戦してみるとよい。どの部分も隅々まで幾何学によって定義されているのがわかるだろう。外側の円を最初に描き、6等分して、正三角形を描く。次に、互いに接する3つの円を内側に描く。この時に、内側の3つの円が外の円には接しないことに注目してほしい。3つの円と外の円との距離を半径にした小さな円が、窓細工の枠の幅になる。

このデザインは、3つのものの統一(三位一体)を黙示的にあらわしている。

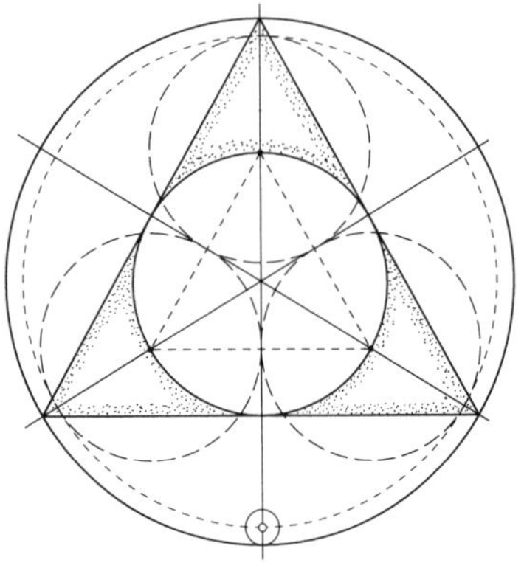

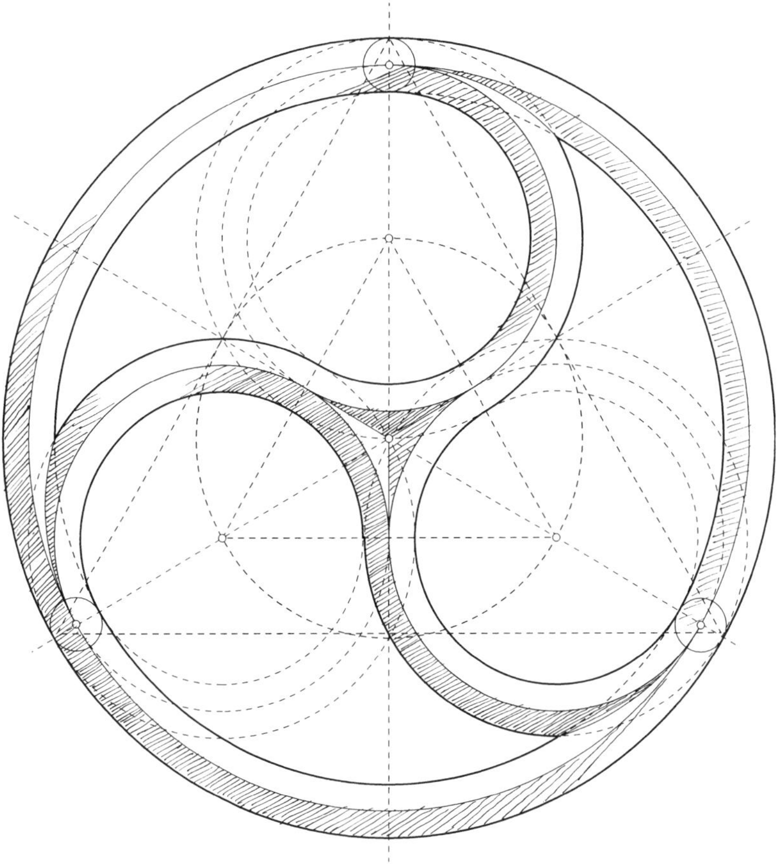

三つ葉と四つ葉

およびその他の教会装飾

あらゆるものは光でできている。すべての物質は光でできている。もし物質がなければ、音も存在しない。原子も惑星も、幾何学パターンに従って配置されている。だとすれば、暗い屋内空間に光をもたらす窓は、いかに深遠な意味を持つものであることか。

教会の窓のデザインは、いろいろな決まり、形式、伝統に従って決められる。ここでは、それを知る手がかりのいくつかを紹介する。最も描きやすいデザインは、3種類の四つ葉（下図の下段）である。

右頁上の絵は、リンカン大聖堂（イギリス）の南面の窓である。その下の3つは、それぞれシャルトル、エヴルー、ランス（いずれもフランス）の大聖堂の西面の窓である。直線と曲線のバランスが絶妙に保たれている。

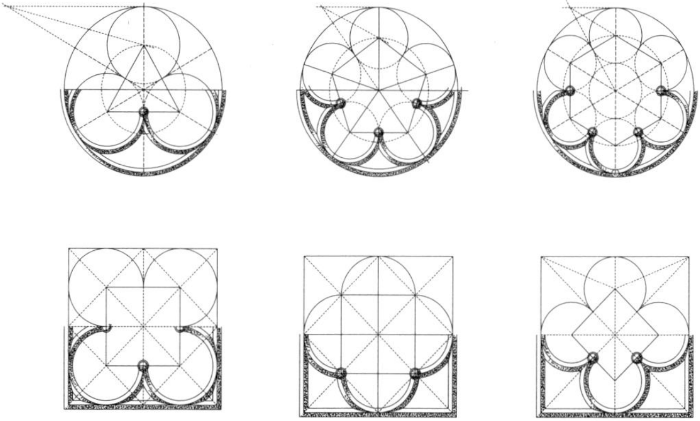

P.H.DELAMOTTE

ストーンサークルと教会

4000年以上の歴史を持つウェシカ・ピスキス

右頁の4つのストーンサークルはどれも似た幾何学的配置になっていることが、1960年代にアレクサンダー・トムによって発見された。左の2つはディネヴァー・ヒルとキャンブレット・ムアのストーンサークルで、A型扁平タイプの例である。右はロング・メグとバーブルックのもので、B型扁平ストーンサークルの例である。この2種類の幾何学形状は、イギリス諸島全体に広く分布している。右頁の下段は、ウェシカ・ピスキス(6頁)を基本としたその構造を図解したものである。

下は、ウィンチェスター大聖堂の平面図である。西洋の教会関係の建築物の多くは、シンプルな三角形システム(ad triangulum)と正方形システム(ad quadratum)の組み合わせを設計の根底に持っている(21頁上段)。ウェシカ・ピスキスは教会建築の中核である。

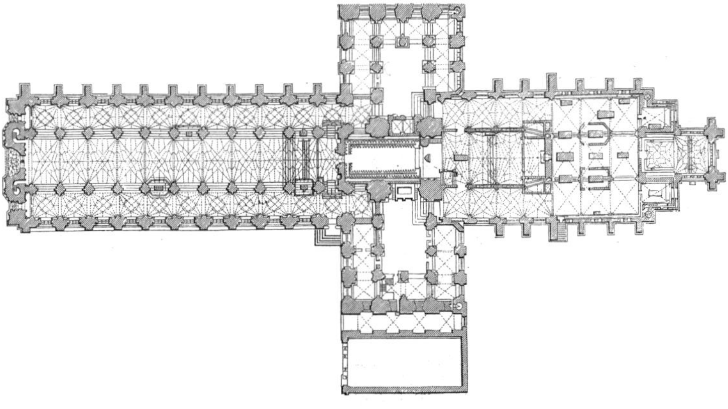

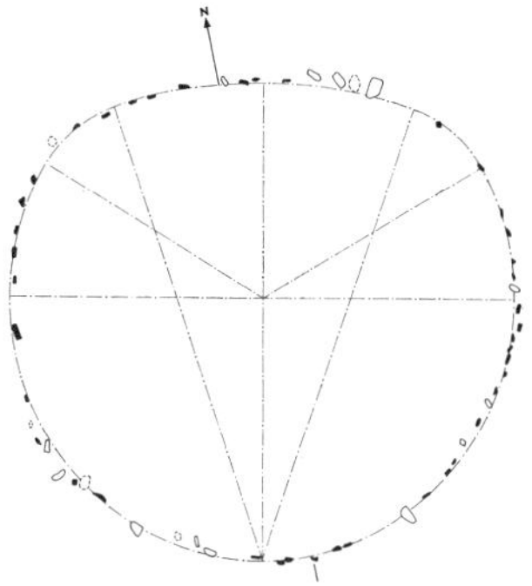
N

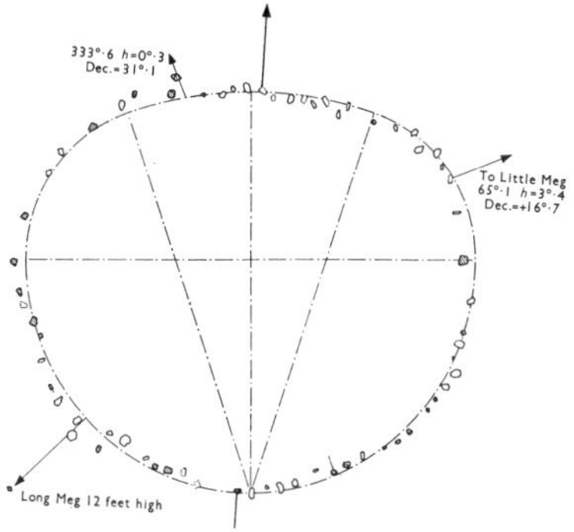
333°·6 h=0°·3
Dec.=31°·1
To Little Meg
65°·1 h=3°·4
Dec.=+16°·7
Long Meg 12 feet high

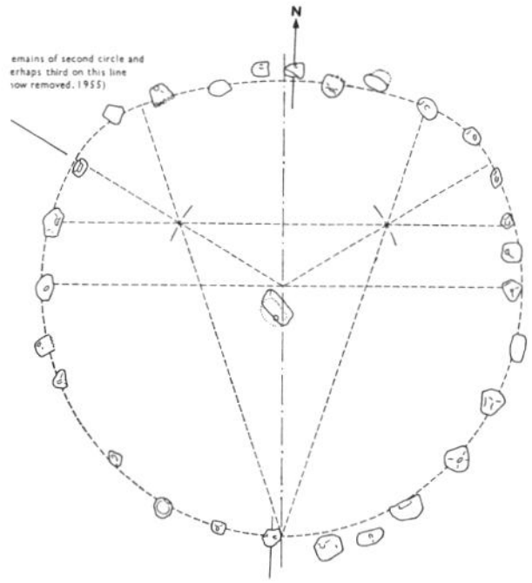
N
emains of second circle and
erhaps third on this line
ıow removed. 1955)

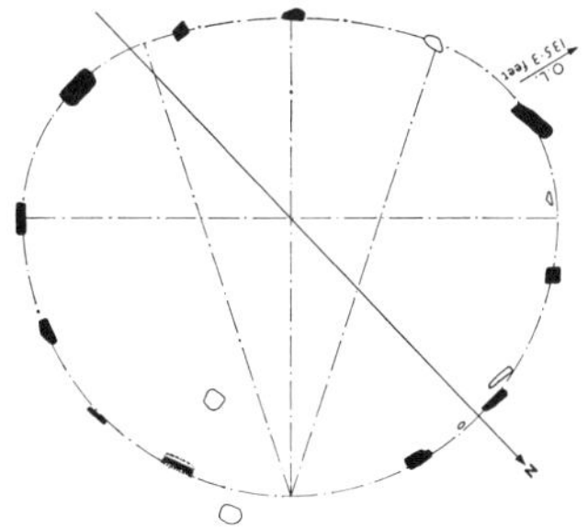
135·3 feet
O.L.
N

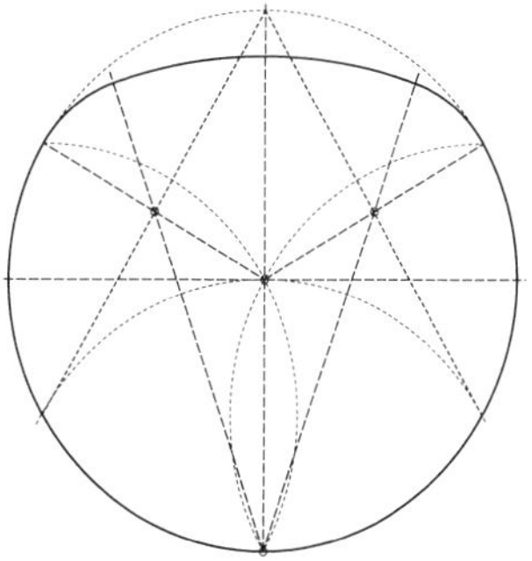

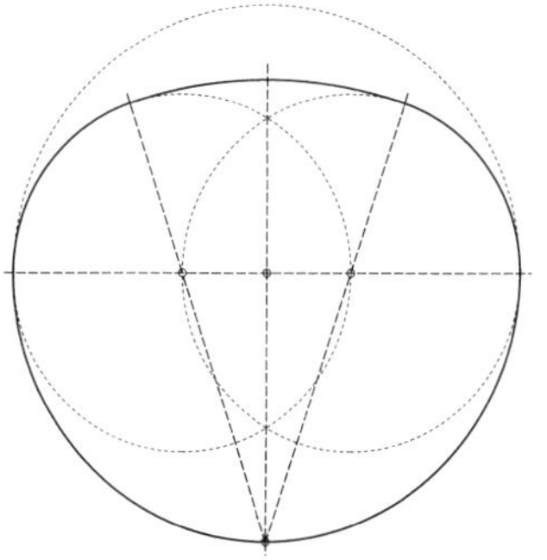

魅惑のアーチ

アーチの描き方の例

世界のどこでも、アーチは驚くほど似た形をしている。ここではそのいくつかを紹介しよう。緑に繁る樹々も、しばしば最高のアーチを作り出す。

右頁上段には、弧の中心が2つのアーチを5例並べてある。横幅を2等分、3等分、4等分、5等分(2種類)して弧の中心を得ている。破線は弧の半径をあらわす。アーチ部分の高さはそれぞれ異なるが、この5つの例ではアーチの高さを決めているのは下の長方形部分で、長方形の横と縦の比が音楽の音程と同じ 2:3、3:4、4:5 … になっている(22頁)。

右頁中段は、弧の中心が4つのアーチである。実線とアーチの交点で、曲線のカーブが切り替わる。アーチの高さがどうやって決まるかのヒントも図の中に示されている。

右頁下段は、左が馬蹄形アーチ、右が尖頭アーチである。馬蹄形アーチは両側がいったん外へ膨らんでからすぼむタイプで、馬蹄形かつ尖頭のものもある。その隣の尖頭アーチは一見頂上部が反り返っているように見えるが、実際はまっすぐな線である。

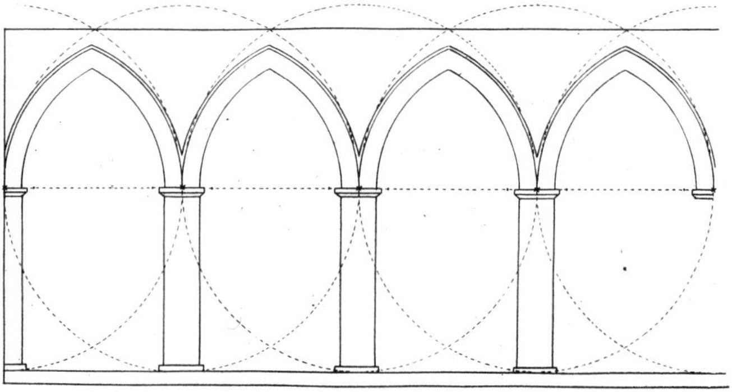

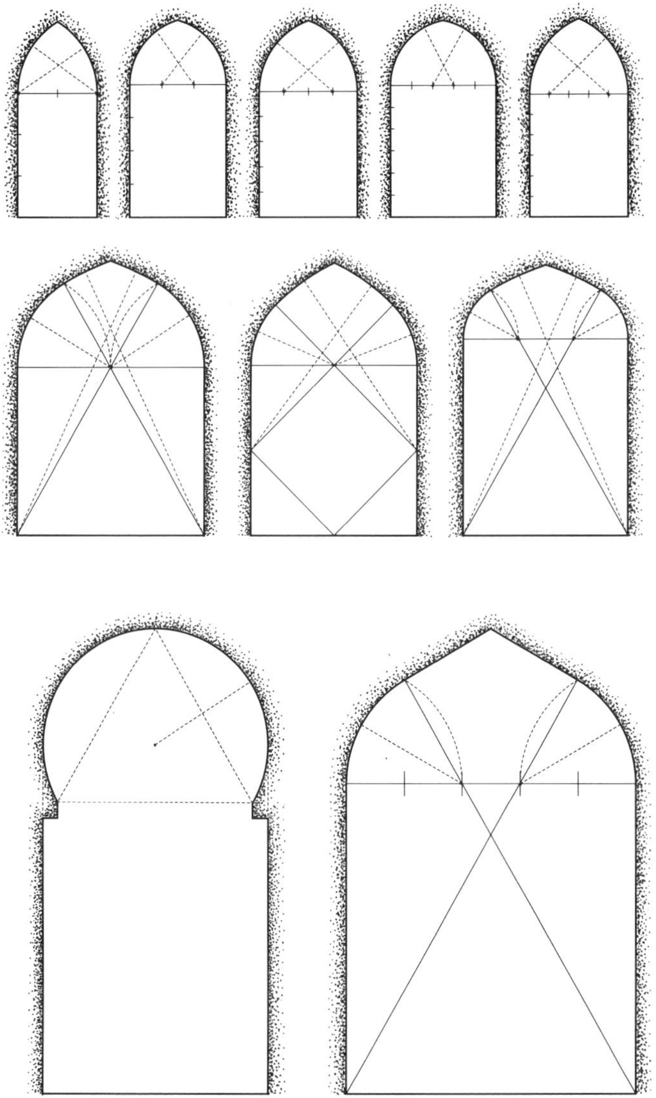

ケルトの渦巻

古代アイルランドの "ユークリッド幾何学"

右頁上の絵は、北アイルランドのローハン島で発見された直径4インチ（約10cm）の青銅のディスクである。古代ケルト様式の遺物の中でも特に優雅で見事な例といえる。ストーンサークルやアーチの章で見たように、複数の弧をなめらかにつなげると非常に美しいが、その技法はケルト時代初期にすでに完成の域に達していたと考えられる。

古代ケルトの遺物の多くには、コンパスを使っていた証拠が残っている。このディスクの模様を描くには、なんとコンパスの中心を42ヵ所も使う必要がある！　こうしたデザインを考案した古代の芸術家は、互いに接する円のパターンといった基本的な幾何学テンプレートからスタートし、さまざまな下絵を描き、再び幾何学に戻って、すべての曲線を弧（円周の一部分）として描くにはどうすればよいか工夫したのだろう。直感と知性が協調的に働いた成果である。

右頁下は、複数の点を通るカーブの描き方である。最初の図（左）は、cを中心とする弧を描いたところ。さて次に、a でなめらかに変化して b を通る弧を描きたい。どうすればいいだろう?

aとbを結ぶ線分を引き、その垂直二等分線を作図する（中央）。この線と線分 ac の交点を o とする。o を中心にして弧を描けば、求める曲線が得られる（右）。ローハン島のディスクの曲線は、すべてこのようにして描かれているのである。

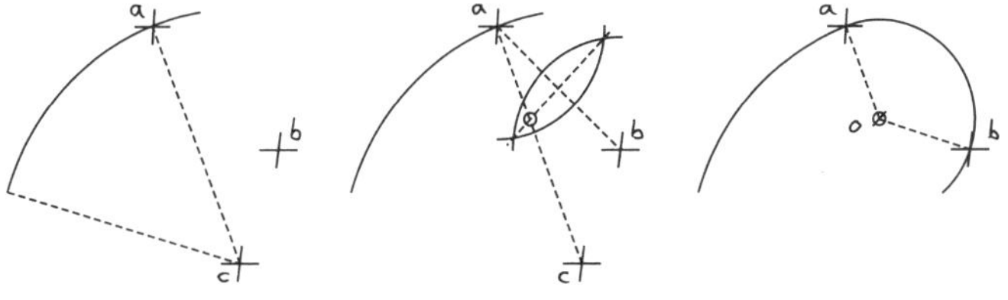
a
b
c
a
b
c
a
o
b

五角形の可能性

ファンタスティック・ファイブ

五角形はそれだけでは平面を隙間なく埋めることはできない。しかし、五角形は別のすばらしいことがたくさんできる。いやしくも神聖幾何学の本であれば、その話を書かずに済ませることは許されない。右頁は、五角形を使った驚くほど精妙な平面充填の一例である。ここでは“種子”になるパターンが中央から周囲へ“成長”していく。五角形を並べると五芒星が入る隙間ができ、逆に五芒星を並べると五角形の空間があく。このデザインは、あちらこちら黄金比だらけである。“種子”の例を右頁下に示した。

数学者ロジャー・ペンローズは、下のようなタイリングを考案した。わずか2種類の図形で平面を充填できる。近年、液体の性質にもこのようなパターンが内在していることが判明した。より高次の格子パターンの断面が、このような形になっているというのだ。

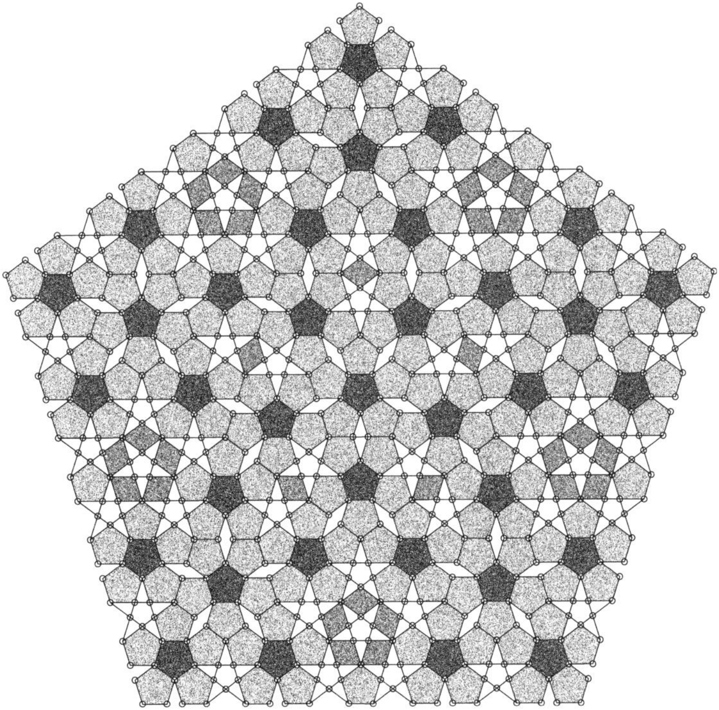

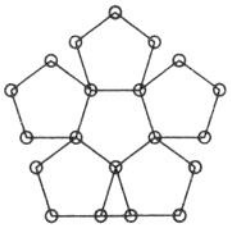

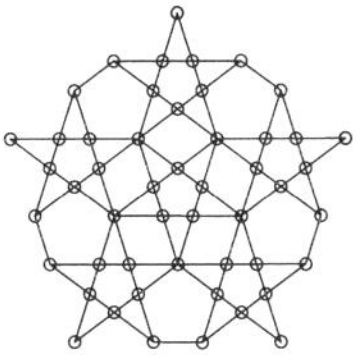

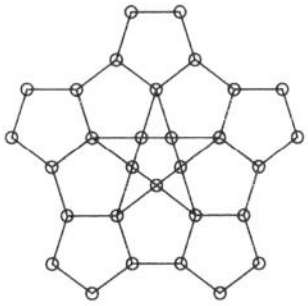

17種類のシンメトリー

並進、回転、鏡映

アラビアの錬金術師ジャービル・イブン・ハイヤーン（ヨーロッパではゲーベルの名で知られる）は、物理世界の基本となる数は17だと考えた。

ここから59頁までの図は、非常に単純なサンプル図形を使い、回転、鏡映、並進（平行移動）という3種の基本操作を行って、いろいろなシンメトリーを生み出したものである。この基本操作と3種類の正則タイリング（36頁）の組み合わせで、17種類のパターンができる。

こうした視覚的なカギは、織物や陶磁器に繰り返しパターンを描くときに非常に役立つ（40–41頁）。ところで、「パターン pattern」という単語はラテン語の「パーテル pater（父）」が語源であり、「マトリックス matrix」はラテン語の「マーテル mater（母）」から来ている。

ただし、型紙の中には反転（鏡映）したらひどく見た目が悪くなるものもあるので、元になる図形（型紙）を選ぶ際には注意が必要である。

さて、実用面の注意書きを記したところで、地上で最も歴史の古い学問のひとつである神聖幾何学を扱ったこの薄い（しかし密度は濃い）本に幕を下ろす時が来た。読んで下さってありがとう。

著者 ● ミランダ・ランディ

イギリス在住のデザイナー兼アーティスト。

訳者 ● 駒田曜（こまだ よう）

訳書に『Q.E.D.』『プラトンとアルキメデスの立体』『公式の世界』『シンメトリー』『錯視芸術』（本シリーズ）など。

幾何学《きかがく》の不思議《ふしぎ》　遺跡《いせき》・芸術《げいじゅつ》・自然《しぜん》に現《あらわ》れたミステリー

2011年 4 月20日第1版第 1 刷発行
2025年 5 月30日第1版第10刷発行

著　者　ミランダ・ランディ
訳　者　駒田曜
発行者　矢部敬一

発行所　株式会社　創元社
https://www.sogensha.co.jp/

〒541-0047 大阪市中央区淡路町4-3-6
Tel.06-6231-9010　Fax.06-6233-3111
印刷所　TOPPANクロレ株式会社
装　丁　WOODEN BOOKS／相馬光（スタジオピカレスク）

978-4-422-21484-9　C0341